Claudia Zanabria

Lenguaje Matemático, Argumentación y Problemas en Contextos

Claudia Zanabria

Lenguaje Matemático, Argumentación y Problemas en Contextos

Actividades resueltas

Editorial Académica Española

Imprint
Any brand names and product names mentioned in this book are subject to trademark, brand or patent protection and are trademarks or registered trademarks of their respective holders. The use of brand names, product names, common names, trade names, product descriptions etc. even without a particular marking in this work is in no way to be construed to mean that such names may be regarded as unrestricted in respect of trademark and brand protection legislation and could thus be used by anyone.

Cover image: www.ingimage.com

Publisher:
Editorial Académica Española
is a trademark of
Dodo Books Indian Ocean Ltd. and OmniScriptum S.R.L publishing group

120 High Road, East Finchley, London, N2 9ED, United Kingdom
Str. Armeneasca 28/1, office 1, Chisinau MD-2012, Republic of Moldova, Europe
Managing Directors: Ieva Konstantinova, Victoria Ursu
info@omniscriptum.com

Printed at: see last page
ISBN: 978-620-0-01753-6

Colaboración en la producción de la edición actualizada:

Magister Marta Nardoni

Especialista Verónica Valetti

Profesora Luján Álvarez

Profesora Fátima Bolatti.

Contenido

"Lenguaje Matemático, Argumentación y Problemas en Contextos. Actividades resueltas" es un libro dirigido a alumnos del primer año de las tres carreras de grado de la Facultad de Ciencia Económica de la Universidad Nacional del Litoral, que cursan la asignatura Matemática como lenguaje y forma parte de la colección de textos digitales producidos por el equipo de cátedra de dicha disciplina.

Particularmente, el presente material, propone una selección de actividades resueltas de exámenes, intencionalmente elaboradas para favorecer el desarrollo de las competencias matemáticas como, adquisición de lenguaje matemático, resolución de problemas en contextos y producción de argumentos.

¿Por qué focalizar el aprendizaje en el desarrollo de competencias?

La actual sociedad de la información y del conocimiento demanda personas con competencias   básicas para un adecuado desempeño de la vida personal y profesional. Una de esas competencias básicas que exigen los distintos ámbitos profesionales o sociales es la **Competencia Matemática**, entendiendo ésta como la capacidad de comprender, hacer y usar la matemática en una diversidad de contextos intra o extra matemáticos. En base al marco teórico del proyecto de la OCDE, denominado Definición y Selección de Competencias (DeSeCo),y partiendo de la propuesta realizada por la Union Europea, son consideradas competencias matemáticas:

- ✓ Pensar matemáticamente.
- ✓ Representar entidades matemáticas.
- ✓ Plantear y resolver problemas matemáticos.
- ✓ Modelar matemáticamente.

- ✓ Argumentar matemáticamente.
- ✓ Utilizar el lenguaje matemático.
- ✓ Comunicarse con las Matemáticas y comunicar sobre Matemáticas.
- ✓ Utilizar ayudas y herramientas (incluyendo las nuevas tecnologías).

¿Por qué aprender a utilizar el lenguaje matemático?

La matemática como ciencia tiene su propio lenguaje que abarca un conjunto de signos que transmiten significados a través de distintos registros de representación semiótica: verbal (coloquial), numérico, simbólico y gráfico.

Utilizar el lenguaje matemático significa poder leerlo, escribirlo e interpretarlo. La adquisición de esta competencia es fundamental tanto para fines de comunicación como para el desarrollo de la actividad matemática en general.

¿Por qué aprender a Argumentar?

La toma de decisiones es una de las competencias exigidas en los perfiles de las distintas carreras de grado de la FCE y requiere la producción de argumentos que sostengan dicha decisión. Asimismo, en distintas situaciones de la vida diaria se puede necesitar producir argumentos para convencer o persuadir a otros sobre nuestras ideas o acciones.

Un texto argumentativo tiene por función persuadir o convencer sobre la validez o no de una afirmación. Dos requisitos que se necesitan para cumplir con esta función son: tener **conocimiento** sobre el tema a tratar y emplear un **lenguaje** apropiado. En este marco las actividades de aprendizaje que te proponemos propician el estudio del marco teórico necesario y la adquisición del lenguaje apropiado para la producción de dichos argumentos.

En la ciencia, un texto argumentativo debe respetar una determinada estructura. La estructura argumentativa de Toulmin, investigador reconocido en esta temática, sigue un proceso lineal desde los datos hasta la conclusión, en que intervienen elementos constitutivos de la argumentación, como se ve en la siguiente gráfica que muestra la organización del texto argumentativo en tres partes: Datos, Cuerpo de la Argumentación y Conclusión.

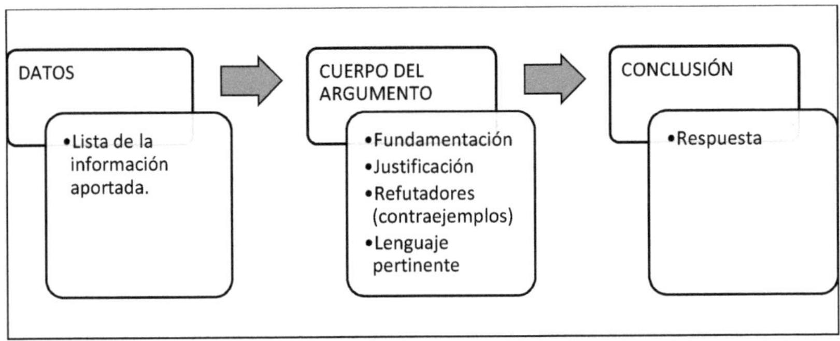

¿Por qué aprender a Resolver Problemas en Contextos?

Resolver problemas es otra de las competencias exigidas en la sociedad actual pues un problema es una situación en la que se plantean interrogantes que generan diversas acciones como la aplicación significativa de conceptos, métodos o modelos con la finalidad de obtener una respuesta.

Asimismo, la posibilidad real de aplicar o vincular la Matemática a diferentes campos de conocimiento o a distintas situaciones de la vida cotidiana, contribuye a la adquisición de esta competencia y, recíprocamente, favoreciendo la comprensión de los conceptos matemáticos. Este es el sustento que valida que en todos los ejes temáticos se aborden problemas auténticos a saber: Modelos Económicos como oferta- demanda, costo-ingreso, presupuesto. Teoría de los Juegos, Cadenas de Markov, Criptografía entre otros.

¿Cómo está organizado el presente libro de Actividades?

Con intenciones de organización, el presente material se estructura en tres secciones que se diferencian por el tipo de actividad.

La primera sección contiene actividades del tipo selección múltiples tendientes a propiciar la lectura e interpretación del lenguaje matemático.

En la segunda sección se proponen actividades cuyo enunciado común es: "Determina la verdad o falsedad de los siguientes enunciados", propiciando fundamentalmente la producción de argumentos.

En la tercera sección se presentan actividades, denominadas problemas, en las que se presentan distintas situaciones en contexto intra o extra matemático y que implican la aplicación de conceptos, modelos o métodos para su solución.

A su vez en cada sección las actividades están clasificadas por temas: Conjunto de números reales, Expresiones Algebraicas, Lógica Proposicional, Funciones y Modelos económicos, Algebra Lineal y Aplicaciones.

Una característica valiosa del libro es la incorporación de la resolución o respuesta de cada una de las actividades para que puedas autoevaluar tu desempeño.

¿Cuáles son los contenidos que se aplican en cada uno de los ejes temáticos?

Los concepto y propiedades que necesitas conocer para resolver las actividades son:

Conjunto de números reales: Identificación de cada uno de los conjuntos y sus propiedades. Operaciones con números reales y propiedades.

Expresiones algebraicas: Clasificación de expresiones algebraicas: enteras, racionales e irracionales. Operaciones con expresiones algebraicas. Ecuaciones y desigualdades. Restricciones, resolución, conjunto solución en lenguaje gráfico y simbólico.

Lógica Proposicional: Categorías de enunciados. Valor de verdad. Traducción de enunciados en lenguaje coloquial y simbólico. Enunciados equivalentes. Negación de enunciados. Condición necesaria y suficiente.

Funciones y Modelos económicos: Concepto de función, dominio y conjunto imagen. Expresión de funciones en los distintos sistemas de representación: simbólico, grafico, numérico y coloquial. Funciones elementales: Valor absoluto, definidas por tramos, polinómicas, racionales, exponenciales y logarítmicas. Operaciones con funciones. Función inversa. Modelos económicos: oferta-demanda- equilibrio, costo-ingreso-beneficio, ingreso en función de la demanda, presupuesto.

Algebra Lineal y Aplicaciones: Matrices: Concepto, Lenguaje simbólico, clasificación, operaciones y propiedades. Matriz inversa. Sistemas de Ecuaciones lineales: concepto, distintas formas de expresión, métodos de resolución, clasificación, conjunto solución. Modelización. Teorema integrador. Aplicaciones: criptografía, teoría de juegos, cadenas de Markov.

Cada tópico se encuentra desarrollado en los materiales digitales, libros, videos, presentaciones, en el ambiente virtual:
https://servicios.unl.edu.ar/aulavirtual/fce/my/

En cada una de las siguientes actividades, clasificadas por temas, **"lee e interpreta el enunciado y luego selecciona la opción correcta"**

EJE TEMÁTICO: LÓGICA PROPOSICIONAL

1) El enunciado: "El cambio climático se refiere a los cambios a largo plazo de las temperaturas y los patrones climáticos" se puede clasificar como:
   a. Proposición simple
   b. No es proposición
   c. Proposición compuesta
   d. Función proposicional
   e. Proposición cuantificada

2) Respecto a su valor de verdad, la proposición verdadera es:
   a. Buenos Aires es la capital de Argentina y Barcelona la capital de España.
   b. Todos los números reales son racionales.
   c. Siendo x un número entero: $5x-1=4$
   d. Siendo p una variable proposicional Falsa, $(p \wedge q) \rightarrow q$ es Verdadera.

3) Dado el enunciado "Al menos una cuenta contable refiere a bienes y derechos, por lo tanto, pertenece al activo"

   Se puede asegurar que:
   a. El enunciado es verdadero si se cumple para cada una de las cuentas contables.

b. La negación del enunciado es: "Todas las cuentas contables refieren a bienes y derechos y no pertenecen al activo".

c. Siendo C={x/x es cuenta contable}

B(x): x refiere a bienes

D(x): x refiere a derechos

A(x):x pertenece al activo

Su expresión formalizada es: $\forall x \in C/[B(x) \land D(x)] \rightarrow A(x)$

d. Siendo:

    p: al menos una cuenta contable refiere a bienes

    q: la cuneta contable refiere a derecho.

    r: la cuenta contable pertenece al activo.

Su expresión formalizada es: $(p \land q) \rightarrow r$

e. Un enunciado equivalente al dado es: "las cuentas contables refieren a bienes y derechos o no pertenecen al activo"

4) Dado el enunciado: "si el CEO de la empresa orienta y motiva a su equipo, es considerado un líder"

Se puede asegurar que:

a. La negación del enunciado es: "Si el CEO de la empresa no orienta o no motiva, entonces no es un líder"

b. El enunciado: "Si no es líder, el CEO de la empresa no orienta o no motiva a su equipo", es el contrarrecíproco (o contrapositivo) del dado.

c. El enunciado: "El CEO de la empresa no orienta o no motiva a su equipo o es un líder" no es equivalente al dado.

d. El enunciado dado es una proposición cuantificada.

e. Siendo:

    p: El CEO de la empresa orienta

q: el CEO de la empresa motiva

r: El CEO de la empresa es considerado un líder.

Su expresión formalizada es: r → (p ∧ q)

5) Una forma proposicional equivalente a m→(~n∨ s) es:

    a. (n ∧ ~ s) → ~ m

    b. m ∧ (n ∧ ~ s)

    c. (~n∨ s) → m

6) La proposición ~ p → ~ q es equivalente a la proposición:

    a. ~ p ∧ ~ q

    b. p ∨ ~ q

    c. ~ p∨ ~ q

7) La negación de la proposición **∀ x∈A: x > 0 es ∃ x∈A / x ≤ 0** es:

    a. Verdadero

    b. Falso

8) ¿Cuál de las siguientes expresiones es verdadera?

    a. Las implicaciones directa y recíproca son equivalentes.

    b. Las implicaciones directa y contraria son equivalentes.

    c. Las implicaciones directa y contrarrecíproca son equivalentes.

9) La negación de "Todos los empleadores, inscriben a sus empleados en la AFIP y les entregan un recibo de sueldo" es:

    a. "Algunos empleadores, no inscriben a sus empleados en la AFIP o no les entregan un recibo de sueldo"

    b. "Ningún empleador cumple con, inscribir sus empleados en AFIP y entregarles un recibo de sueldo"

10) La negación de la proposición $\exists\ x \in A / Q(x) \to P(x)$ es:

$\forall\ x \in A: \sim P(x) \to \sim Q(x)$

    a. Verdadero

    b. Falso

11) La negación de la proposición "Algunos números racionales tienen infinitas cifras decimales es:

    a. Todos los números racionales tienen infinitas cifras decimales.

    b. Todos los números racionales no tienen infinitas cifras decimales.

    c. No todos los números racionales tienen infinitas cifras decimales.

12) La negación de la proposición "Todos los estudiantes presentes tendrán otra oportunidad" es:

    a. Existe al menos un estudiante presente que tendrá otra oportunidad.

    b. Existe al menos un estudiante presente que no tendrá otra oportunidad.

13) Dadas las proposiciones:

p: r es verdadera y t es verdadera

q: $(r \wedge t) \to s$ es falsa

Establecer la condición de p respecto de q:

    a. p es condición necesaria para q.

    b. p es condición suficiente para q.

    c. p es condición necesaria y suficiente para q.

14) Sabiendo que p y q son proposiciones verdaderas, el valor de verdad de la proposición $(\sim p \lor \sim s \lor p) \to (q \land t \land \sim q)$ es:

    a. Falso

    b. No es posible determinar su valor de verdad

    c. Verdadero

15) Dado el condicional $\sim p \to (r \land t)$, su contrario es:

    a. $p \to (\sim r \lor \sim t)$

    b. $(\sim r \lor \sim t) \to p$

    c. $(r \land t) \to \sim p$

16) La negación de la siguiente proposición: "Si la función lineal es una función decreciente entonces la pendiente es un número negativo" es:

    a. Si la función lineal no es una función decreciente entonces la pendiente no es un número negativo.

    b. La función lineal no es una función decreciente o la pendiente no es un número negativo.

    c. La función lineal es una función decreciente y la pendiente no es un número negativo.

17) La negación del enunciado: "Si aumenta el ingreso de la empresa, aumentarán los sueldos" es:

    a. No aumenta el ingreso o aumentarán los sueldos.

    b. No aumenta el ingreso de la empresa y no aumentarán los sueldos.

    c. Aumenta el ingreso de la empresa y no aumentarán los sueldos.

18) Dado el condicional $q \to (\sim p \lor t)$ su recíproco es:

    a. $(p \to t) \to q$

b. $(p \wedge \sim t) \rightarrow \sim q$

c. $\sim q \rightarrow (p \wedge \sim t)$

19) Dado el enunciado: "No todas las funciones exponenciales son crecientes", una forma coloquial equivalente es:

a. No es cierto que existen funciones exponenciales crecientes.

b. Existen funciones exponenciales que son crecientes.

c. Existen funciones exponenciales que no son crecientes.

20) Sabiendo que $(\sim p \ \wedge t) \rightarrow r$ es falsa, se puede asegurar que:

a. p es verdadera, t es verdadera y r es falsa

b. p es falsa, t es verdadera y r es verdadera

c. p es falsa, t es verdadera y r es falsa

21) Dadas las proposiciones:

$$p: m \wedge s \text{ es verdadero}$$

$$q: s \text{ es verdadero}$$

La condición de p respecto de q es:

a. p es condición necesaria y suficiente para q

b. p es condición suficiente para q

c. p es condición necesaria para q

22) Interpretando el lenguaje matemático empleado en los siguientes procedimientos denominados: I) y II)

I. $\sim(\sim r) \rightarrow (\sim s \vee \sim q) \cong r \rightarrow \sim(s \wedge q) \cong (s \wedge q) \rightarrow \sim r \cong$
$\sim(s \wedge q) \vee \sim r$

Doble negación   *Contrarrecíproco*   *Equivalencia del Condicional*

D' Morgan   *(o contrapositivo)*

II. $\sim[\forall\, x \in A: \sim P(x)] \cong \exists x \in A/P(x)$

Negación de proposición cuantificada universalmente

Analiza cada uno y luego selecciona la afirmación correcta:

a. El procedimiento I) es correcto, por lo tanto, la forma proposicional:

   $\sim(\sim r) \to (\sim s \lor \sim q) \leftrightarrow \sim(s \land q) \lor \sim r$ es una tautología. (en la tabla de verdad, el bicondicional resulta VERDADERO en todos los renglones de dicha tabla)

b. En el procedimiento I) se presentan errores al aplicar concepto de "contrarrecíproco del condicional"

c. La actividad para el procedimiento II) es: "determinar la negación de la siguiente proposición compuesta"

d. $\sim[\forall\, x \in A: \sim P(x)]$ en lenguaje coloquial es: Ningún elemento del conjunto A cumple la propiedad P(x).

e. En el procedimiento I) se presentan errores al aplicar las Leyes de De Morgan.

1) c. Es una proposición compuesta, particularmente una conjunción

2) d. Siendo p una variable proposicional F, $(p \wedge q) \rightarrow q$ es Verdadera

3) b. La negación del enunciado es: "Todas las cuentas contables refieren a bienes y derechos y no pertenecen al activo".

4) b. El enunciado: "si no es líder, el CEO de la empresa no orienta o no motiva a su equipo", es el contrarrecíproco (o contrapositivo) del dado.

5) a. $(n \wedge \sim s) \rightarrow \sim m$

6) b. $p \vee \sim q$

7) a. Verdadero.

8) c. Las implicaciones directa y contrarrecíproca son equivalentes

9) a. La negación es: "Algunos empleadores, no inscriben a sus empleados en la AFIP o no les entregan un recibo de sueldo"

10) b. Falso.

11) b. Todos los números racionales no tienen infinitas cifras decimales.

12) b. Existe al menos un estudiante presente que no tendrá otra oportunidad.

13) a, p es condición necesaria para q.

14) a. Falso.

15) a. $p \rightarrow (\sim r \vee \sim t)$

16) c. La función lineal es una función decreciente y la pendiente no es un número negativo.

17) c. Aumenta el ingreso de la empresa y no aumentarán los sueldos.

18) a. $(p \rightarrow t) \rightarrow q$

19) c. Existen funciones exponenciales que no son crecientes.

20) c. p es falso, t es verdadero y r es falso.

21) b. p es condición suficiente para q.

22) a. El procedimiento I) es correcto, por lo tanto, la forma proposicional: $\sim(\sim r) \rightarrow (\sim s \vee \sim q) \leftrightarrow \sim(s \wedge q) \vee \sim r$ es una tautología. (en la tabla de verdad, el bicondicional resulta VERDADERO en todos los renglones de dicha tabla)

EJE TEMÁTICO: CONJUNTOS NUMÉRICOS. EXPRESIONES ALGEBRAICAS. ECUACIONES Y DESIGUALDADES.

1ra Parte: Conjuntos de números reales, propiedades y operaciones.

1) La operación que da como resultado un número irracional es:

a. $3^{-\frac{1}{2}}(-3)^0\sqrt{3} - \sqrt{3}$

c. $\dfrac{\pi^{-2}\sqrt{\pi}}{\pi^{-\frac{3}{2}}}$

b. $\sqrt[4]{-16} - \sqrt[4]{16}$

d. $\dfrac{5\sqrt{3}}{\sqrt{27}}$

2) La expresión que NO es equivalente a $\dfrac{m}{n}$ siendo m y n números reales y

$m \neq 0, n \neq 0$ es:

a. $-\dfrac{1}{n}(-m)$

b. $n^{-1}m$

c. $-m\left(-\dfrac{1}{n}\right)$

d. $(-n)(-m)^{-1}n^{-2}m^2$

e. $m.\dfrac{1}{n}$

f. $\left(-\dfrac{1}{m}\right)^{-1}n^{-1}$

3) Afirmar que **"la suma de dos números reales es igual a cero"** es equivalente a decir:

a. Los dos números son iguales

b. Los dos números son opuestos

c. Los dos números son de distinto signo

d. Ninguna de las otras opciones

4) Respecto a su valor de verdad, el enunciado: **"El valor absoluto es siempre un número positivo"**, es:

    a. Verdadero

    b. Falso

5) Sean $a, b \in R, a \neq 0, b \neq 0$ y $ab \neq 1$, entonces el inverso multiplicativo de $\mathbf{a^{-1} - b}$ es:

    a. $\frac{1}{a} - b$

    b. $\frac{a}{1-ab}$

    c. $a - b^{-1}$

    d. Ninguna de las otras opciones

6) La expresión simbólica de **"t es un número negativo"** es:

    a. $0 \leq t$

    b. $t < 0$

    c. $0 < t$

    d. $t \leq 0$

7) El enunciado verdadero es:

    a. La expresión $(-x)^3$ es equivalnete a $(-1)x^3$.

    b. Todo número real es positivo o negativo.

    c. El número 5 es irracional.

    d. El siguiente del número -14 es -15.

8) La expresión $\sum_{i=0}^{6}(2i + 1)$ se puede escribir como:

    a. $0 + 3 + 5 + 7 + 9 + 11 + 13$

    b. $3 + 5 + 7 + 9 + 11 + 13$

    c. $1 + 3 + 5 + 7 + 9 + 11 + 13$

d. Ninguna de las anteriores.

9) La suma $\mathbf{7 + 10 + 13 + 16 + 19 + 22}$ se puede expresar como:

a. $\sum_{i=2}^{7} 3i$

b. $\sum_{i=0}^{5}(3i + 1)$

c. $\sum_{i=2}^{7}(3i + 1)$

d. Ninguna de las anteriores opciones

10) La suma $5 + 24 + 61 + 122$ se puede expresar como $\sum_{i=2}^{5}(i^3 - 3)$

a. Verdadero

b. Falso

11) La expresión $4 + 7 + 12 + 19 + 28 + 39$ se puede expresar como $\sum_{i=2}^{6}(i^2 + 3)$

a. Verdadero

b. Falso

12) La suma $2 + 3 + 10 + 29 + 66 + 127$ se puede expresar como:

a. $\sum_{i=0}^{5}(i^3 + 2)$

b. $\sum_{i=1}^{5}(i^3 + 2)$

c. $\sum_{i=0}^{5}(i^2 + 2)$

d. $\sum_{i=0}^{5}(2i + 2)$

13) Respecto a su valor de verdad, la expresión $\sum_{j=3}^{6}(3j - 2) = 46$, es:

a. Verdadero

b. Falso

14) Respecto a su valor de verdad la afirmación: "La traducción al lenguaje coloquial de: $\frac{1}{3}x^2$ es **"la tercera parte del cuadrado de un número"**

  a. Verdadero

  b. Falso

15) La traducción en lenguaje simbólico de: **"Si al cuadrado del doble de un número se lo incrementa en 3 se obtiene su 60%"**, es:

  a. $(2x + 3)^2 = 0{,}60x$

  b. $4x^2 + 3 = 0{,}60x$

  c. $2x^2 + 3 = 0{,}60$

  d. Ninguna de las anteriores

16) La traducción en lenguaje simbólico de **"Si al doble del cuadrado de un número se lo incrementa en 3 se obtiene el 60% de ese número"** es:

  a. $(2x + 3)^2 = 0{,}60x$

  b. $4x^2 + 3 = 0{,}60x$

  c. $2x^2 + 3 = 0{,}60$

  d. Ninguna de las anteriores

17) La resolución correcta es:

  a. $-3 \cdot 4^2 = -9 \cdot 16 = -144$

  b. Si x es un número distinto de cero: $\dfrac{2}{x} - \dfrac{x-2}{x} = \dfrac{2-x-2}{x} = \dfrac{-x}{x} = -1$

  c. Si x es un número distinto de 1: $-\dfrac{1-x}{x-1} = 1$

  d. Si m es un número distinto de cero: $\dfrac{m^3+3m}{m^3} = 3m$

18) Respecto a su valor de verdad, el enunciado es: Siendo x un número real distinto de cero, **la expresión** $\dfrac{1}{\left(\frac{\sqrt{2}.x^{-2}}{\sqrt{16.x^3}}\right)^2}$ **es equivalente a $8 \cdot x^{10}$**

    a. Verdadero

    b. Falso

19) La expresión algebraica equivalente a: $\dfrac{x^3-x}{3x^2} \cdot \dfrac{2x^3}{x^2-1}$, $x \neq \pm 1$, $x \neq 0$ es:

    a. x^2

    b. $\dfrac{2x^2}{3}$

    c. $\dfrac{x+1}{x}$

    d. $x+1$

20) Respecto a su valor de verdad, el enunciado "**La expresión $\dfrac{x}{\sqrt{7}} - \dfrac{y}{\sqrt{7}}$ es equivalente a $(y-x)(-\sqrt{7})^{-1}$**" es:

    a. Verdadero

    b. Falso

21) Respecto a su valor de verdad, el enunciado: "Si $\mathbf{a \neq 0}$, $\mathbf{a \neq 1}$, $\mathbf{a \neq -1}$, **entonces la expresión** $\dfrac{\frac{4a}{a^2-1}}{\frac{2a^2+8a}{a-1}}$ **simplificada es equivalente a** $\dfrac{2}{(a+1).(a+4)}$" es:

    a. Verdadero

    b. Falso

22) Respecto a su valor de verdad, el enunciado "Siendo x, b números reales y

$b \neq 0$, $x \neq -b$, $x \neq 0$ entonces una expresión equivalente a: $\dfrac{\frac{1}{x+b} - \frac{1}{x}}{b}$ **es:**

$((x+b)^{-1} - x^{-1})b^{-1}$" es:

a. Verdadero

b. Falso

23) Al despejar q de la expresión $\dfrac{1}{q} + \dfrac{1}{p} = \dfrac{1}{f}$ con $p \neq 0$, $q \neq 0$, $f \neq 0$ y

$p \neq f$ se obtiene:

a. $q = \dfrac{fp}{p-f}$

b. $q = f - p$

c. Ninguna de las opciones

d. $q = \dfrac{f}{p}$

e. $q = \dfrac{1}{f} - \dfrac{1}{p}$

24) El enunciado verdadero es:

a. Una propiedad que genera ecuaciones equivalentes consiste en multiplicar ambos miembros de la igualdad por el mismo número real o expresión algebraica

b. $(x^{-1} - y^{-1})^2 = \dfrac{1}{x^2} - \dfrac{1}{y^2}$, siendo $x \neq 0, y \neq 0$

c. El recíproco de m es $-m$

d. El opuesto de $\left(\dfrac{-1}{c}\right)$ es c

e. Si a, b y c son números reales, se cumple que si $a < b$ entonces $ac < bc$

f. $\dfrac{x+2}{2} = \dfrac{x}{2} + 1$

25) La resolución correcta es:

a. Si $x \neq -1$ entonces: $\dfrac{x}{x+1} - \dfrac{x-3}{x+1} = \dfrac{x-x-3}{x+1} = \dfrac{-3}{x+1}$

b. Si $m \neq 0$ y $m \neq \pm 2$ entonces: $\dfrac{m^3-4m}{m^3} \cdot \dfrac{m^2}{(m+2)(m-2)} = 1$

c. $3x^2 + x^2 = 9x^2 + x^2 = 10x^2$

26) Dada la expresión $\dfrac{3x+2}{x+1} - \dfrac{2x+1}{2x} = 1$ se cumple:

    a. La expresión está bien definida para $x \neq 0$

    b. Los valores de x que verifican la igualdad son 1 y $-\dfrac{1}{2}$

    c. Es una ecuación lineal

    d. Ninguna de las otras opciones

27) El valor que verifica: $\dfrac{3}{1+y} + \dfrac{2}{1-y} + 6 = \sqrt{36}$ donde $y \neq \pm 1$, es:

a. $y = 6$

b. $y = 0$

c. $y = 5$

d. $y = -5$

e. Ninguna de las otras opciones

28) El conjunto solución de la ecuación: $\dfrac{2x-7}{3} + \dfrac{8x-9}{14} = \dfrac{3x-5}{21}$ es:

a. $\left\{\dfrac{46}{115}\right\}$

b. $\left\{\dfrac{5}{2}\right\}$

c. $\left\{\dfrac{2}{5}\right\}$

d. Ninguna de las anteriores

29) Respecto a su valor de verdad, la afirmación: " $\left(x - \frac{1}{5}\right)^{\frac{1}{2}}$ está bien definida para cualquier valor de x perteneciente al intervalo $\left(-\frac{1}{5}, +\infty\right)$" es:

a. Verdadero

b. Falso

30) Analizando el siguiente procedimiento aplicado para resolver la ecuación:

$$\sqrt{x + 14} = 2x$$

Paso 1: $\sqrt{x + 14} = 2x \qquad x + 14 \geq 0$

Paso 2: $(\sqrt{x + 14})^2 = (2x)^2$

Paso 3: $x + 14 = 4x^2$

Paso 4: $4x^2 - x - 14 = 0$

$x_1 = 2 \text{ y } x_2 = -\frac{7}{4}$

Indicar cuál de las siguientes afirmaciones es verdadera (Considera a S como conjunto solución)

a. Hay un error al pasar del paso 2 al 3 pues: $(2x)^2 \neq 4x^2$, dado que$(2x)^2 = 2x^2$

b. Analizando el procedimiento, se deduce que $S = \{\}$

c. Las propiedades aplicadas en dicho procedimiento son correctas para todo valor de $x \neq -14$

d. Analizando el procedimiento, se deduce que: $S = \left[-\frac{7}{4}, 2\right]$

e. Analizando el procedimiento, se deduce que: $S = \{2\}$

f. Aplicando propiedades, hay errores relacionados con los signos de los términos de las expresiones de cada miembro, al pasar del Paso 3 al Paso 4

g. Analizando el procedimiento, se deduce que: $S = \{-\frac{7}{4}, 2\}$

31) El conjunto solución de $|y - 2| = -4$ es:

    a. $\{-2\}$

    b. $\emptyset = \{\ \}$

    c. $\{6, -2\}$

    d. $\{6\}$

32) Si $x = \dfrac{11}{8}$ es solución de la ecuación: $\dfrac{15}{x^2 - a^2} - \dfrac{3}{x+a} = \dfrac{5}{x-a}$, el valor de a es:

    a. $a = \dfrac{1}{2}$

    b. $a = 2$

    c. Ninguna de las opciones

    d. $a = \dfrac{8}{11}$

33) El valor que debe tener el parámetro a para que la ecuación

$ax^2 - 24x + 9 = 0$ tenga una raíz doble es:

    a. Ninguna de las otras opciones

    b. $a = 4$

    c. $a = 16$

    d. $a = 0$

34) La solución de la ecuación $a^x \cdot (a^4)^{-x} = \left(\dfrac{1}{a}\right)^{x-8}$ con $a > 1$, es:

    a. $x = 2$

    b. $x = 4$

    c. Ninguna de las otras opciones

    d. $x = -4$

35) El valor de a sabiendo que la solución de la inecuación $|a - x| \leq 2$ es

$[-1; 3]$, es:

    a. Ninguna de las otras opciones

    b. $a = -1$

    c. $a = 2$

    d. $a = 1$

36) La igualdad o desigualdad que se cumple para cualquier valor real de la variable es:

    a. $\dfrac{8}{x-6} = 0$

    b. $\left(\sqrt{(-3)^2} \right) x = -3x$

    c. $z + 1 < z$

    d. $\dfrac{x}{x+1} > 1$

    e. $(2y - 5)^2 = 4y^2 - 25$

    f. $|3x - 7| \geq 0$

    g. $\left| \dfrac{x}{3} + 2 \right| \leq -1$

37) El conjunto solución de la expresión $2 \cdot |x - 1| \geq 4$ es:

    a. $[-1; 3]$

    b. $[3; +\infty)$

    c. $(-\infty; -1] \cup [3; +\infty)$

    d. $(-\infty; -1) \cup (3; +\infty)$

38) Al aplicar propiedades en: $\left| \dfrac{3x-8}{2} \right| \geq 4$ se obtiene:

    a. $\dfrac{3x-8}{2} \geq 4$ y $3x - 8 \neq 0$

    b. $\left| \dfrac{3x-8}{2} \right| > 4$ o $\left| \dfrac{3x-8}{2} \right| < -4$

c. $-4 \geq \dfrac{3x-8}{2} \geq 4$

d. $3x - 8 \leq -8 \ o \ 3x - 8 \geq 8$

39) El conjunto de números reales que verifica la inecuación:

$-5 + |2x - 15| \leq 6$, es:

a. $[2; 13]$

b. $(-\infty; 13]$

c. Ninguna de las otras opciones

d. $[7; 8]$

e. $[13; \infty)$

40) La traducción en lenguaje simbólico de "y está a menos de 8 unidades de 14" es:

a. $|y - 8| < 14$

b. $|y - 14| = 8$

c. $|y| < 22$

d. $|y - 14| < 8$

e. Ninguna de las otras opciones

41) Los dos números reales que se destacan en la recta representan:

a. Los elementos del conjunto solución de: $|4x - 12| + 8 = 16$

b. Los elementos del conjunto solución de: $x(x - 1)(x - 5) = 0$

c. El conjunto $R - \{1,5\}$

d. El conjunto: $[1,5]$

e. El conjunto $(-\infty, 1] \cup (5, +\infty)$

f. Los elementos del conjunto solución de: $|x - 3| \leq 2$

42) ¿Cuál de las siguientes resoluciones NO presenta errores?

a. Si $5 - 7s > 3$

   Aplicando las propiedades se tiene: $5 - 7s > 3 \;\rightarrow\; -7s > -2$

Multiplicando por (-1) cambia el sentido de la desigualdad: $7s < 2 \;\rightarrow\; s < \dfrac{2}{7}$

Expresando los valores que verifican la desigualdad en lenguaje gráfico y simbólico:

2/7 $s \in (-\infty, 2/7)$

b. $\dfrac{1}{a+1} + \dfrac{2}{a^2+1} - \dfrac{4}{1-a^4} = \dfrac{1}{a+1} + \dfrac{2}{a^2+1} - \dfrac{4}{(1-a)(1+a)(1+a^2)} =$

$= \dfrac{1(1-a)(1+a^2)}{(1-a)(1+a)(1+a^2)} + \dfrac{2(1-a)(1+a)}{(1-a)(1+a)(1+a^2)} - \dfrac{4(1-a)(1+a)(1+a^2)}{(1-a)(1+a)(1+a^2)} =$

$= \dfrac{1+a^2-a-a^3}{(1-a)(1+a)(1+a^2)} + \dfrac{2-2a^2}{(1-a)(1+a)(1+a^2)} - \dfrac{4}{(1-a)(1+a)(1+a^2)}$

$= \dfrac{1+a^2-a-a^3+2-2a^2-4}{(1-a)(1+a)(1+a^2)} = \dfrac{-a^3-a^2-a-1}{(1-a)(1+a)(1+a^2)} =$

$= \dfrac{-(a^2+1)(a+1)}{(1-a)(1+a)(1+a^2)} = \dfrac{-1}{(1-a)} = \dfrac{1}{a-1}, \;\; \text{siendo } a \neq \pm 1$

c. $\dfrac{9y+1}{4} \leq 2y - 1$

   Aplicamos propiedades de las desigualdades:

$$\dfrac{9y+1}{4} \leq 2y - 1 \quad \rightarrow \quad 9y + 1 \leq 8y - 4 \quad \rightarrow \quad y \leq -5$$

Expresando los valores de y que verifican la desigualdad en lenguaje gráfico y simbólico:

−5 $y \in (-\infty, -5)$

d. $\left(-\dfrac{8}{3}\right)^{4/3} = \sqrt[3]{\left(-\dfrac{8}{3}\right)^4} = \sqrt[3]{\dfrac{(-8)^4}{(3)^4}} = \sqrt[3]{\dfrac{4096}{241}} = \dfrac{16}{3}$

43) De acuerdo a las operaciones que afectan a la variable, la expresión

$\dfrac{(3+y)-y^2}{y} + 2$, con $y \neq 0$ se clasifica como:

   a. Polinomio

   b. Expresión Algebraica

   c. Monomio

   d. Ninguna de las otras opciones

44) Dado el polinomio $P(x) = x(x^2 - 7) + 6$, se puede asegurar que:

   a. $(x - 3)$ es uno de sus factores

   b. Una de sus raíces es $x = 7$

   c. Es un polinomio de grado 2

   d. Es divisible por el polinomio $(x + 1)$

   e. Sus posibles raíces irracionales son divisibles por 6

   f. Tiene una raíz doble (o con multiplicidad 2)

   g. El resto de la división entre $P(x)$ y $(x - 2)$ es cero

   h. Está expresado en forma factorizada

45) Si el polinomio $Q(x)$ es divisible por $(x + b)$, se puede asegurar que:

   a. $Q(b) = 0$

   b. $Q(-b) = 0$

   c. Ninguna de las otras opciones

   d. $Q(0) = -b$

46) La expresión completamente factorizada de $P(x) = x^3 - 7x^2 + 12x$ es:

   a. Ninguna de las otras opciones

   b. $x(x + 4)(x + 3)$

c. $x(x + 4)(x - 3)$

d. $(x - 4)(x - 3)$

e. $x(x - 3)(x - 4)$

47) Si el polinomio $P(x) = x^3 - ax^2 + x - a$ es divisible por $(x - 2)$, el valor

de a es:

a. Ninguna de las otras opciones

b. $a = -2$

c. $a = {}^5/_3$

d. $a = 2$

e. $a = -{}^5/_3$

48) Sabiendo que el resto de la división $(x^3 + mx^2 + 9x - 10) : (x - 2)$ es 4,

el valor de m es:

a. Ninguna de las otras opciones

b. $m = -3$

c. $m = 1$

d. $m = 4$

e. $m = -12$

49) De acuerdo a su valor de verdad, el enunciado: "Si $P(x) = \frac{3}{2}x^3 + 2x^2 - 3x$

se puede asegurar $P(2) = 14$", es:

a. Verdadero

b. Falso

50) Dado el polinomio $P(x) = x^3 + x^2 - 8x - 12$, es cierto que:

a. El polinomio factorizado es $P(x) = (x + 2)^2(x + 3)$

b. El polinomio tiene una raíz en $x = 0$

c. El polinomio es divisible por $(x + 2)$

d. El polinomio factorizado es $P(x) = (x - 2)^3$

51) Un posible divisor del polinomio $x^3 - x^2 - 4x + 4$ es:

a. $x - \dfrac{1}{4}$

b. $x + \dfrac{1}{4}$

c. $x - \dfrac{1}{2}$

d. $x - 2$

52) Dado el polinomio $R(a) = -4(a + 3)^2 \cdot (3a + 6)$, se puede asegurar que:

a. Una de las raíces del polinomio R es $- 2$

b. El coeficiente principal del polinomio R es $- 4$

c. $R(-6) = 0$

d. El polinomio se encuentra completamente factorizado

53) Dado el polinomio $R(x) = 5(x - 2)^3 \cdot (4x + 12)$, se cumple:

a. Ninguna de las otras opciones

b. El polinomio es de grado 3

c. $R(-2) = 0$

d. El coeficiente principal del polinomio R es 5

e. Una de las raíces del polinomio R es $- 3$

RESPUESTAS: NÚMEROS REALES Y EXPRESIONES ALGEBRAICAS

1) a
2) f
3) b
4) falso
5) b
6) b
7) a
8) c
9) c
10) verdadero
11) falso
12) a
13) verdadero

14) verdadero
15) b
16) d
17) c
18) verdadero
19) b
20) verdadero
21) falso $(a \neq -4)$
22) verdadero
23) a
24) f
25) b
26) b
27) c

28) b

29) falso

30) e

31) b

32) b

33) c

34) d

35) d

36) f

37) c

38) d

39) a

40) d

41) a

42) a

Tercera parte: Polinomio.

43) b

44) g

45) b

46) e

47) d

48) b

49) verdadero

50) c

51) d

52) a

53) e

1) Destaca la gráfica que representa una función con dominio R

a)

b)

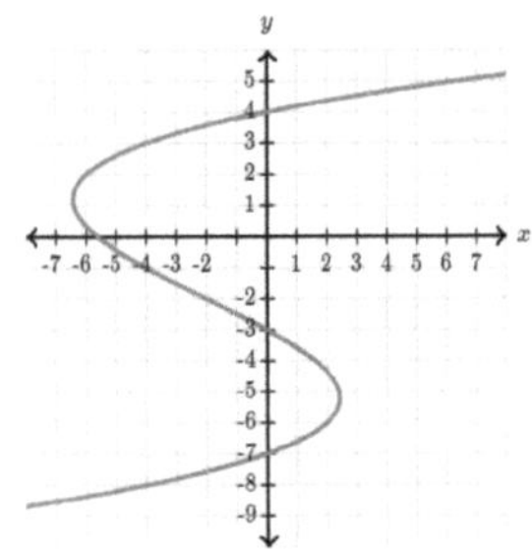

c)

d)

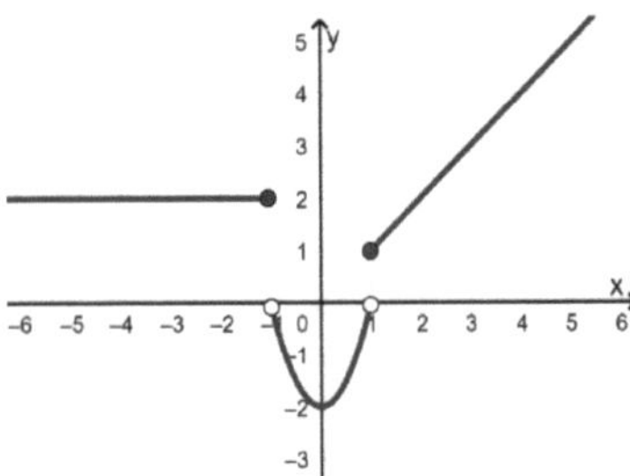

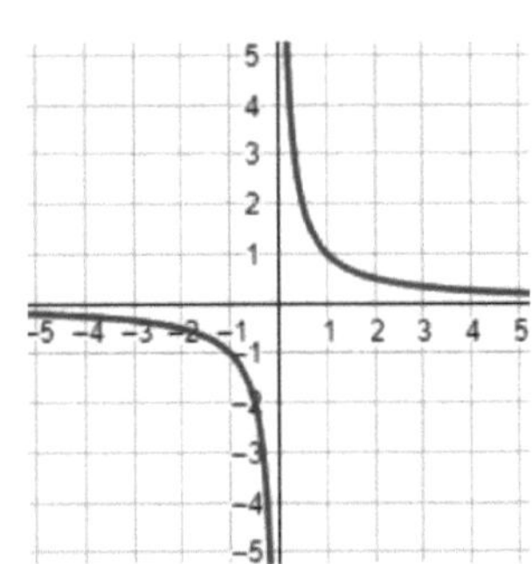

2) El conjunto $R - \{2\}$ es el dominio de la función de expresión:

a. $f(x) = x-2$

b. $g(x) = \sqrt{x-2}$

c. $h(x) = \dfrac{2}{3x-6}$

d. Ninguna de las opciones anteriores es correcta.

3) Interpretando la expresión   **-6x+3y +5= 0**   se deduce que:

a. representa gráficamente una recta con pendiente -6.

b. es una recta que pasa por el punto de coordenadas (1, 3)

c. en forma equivalente se puede expresar como **y- 1/3= 2 (x-1)**

d. representa gráficamente la recta:

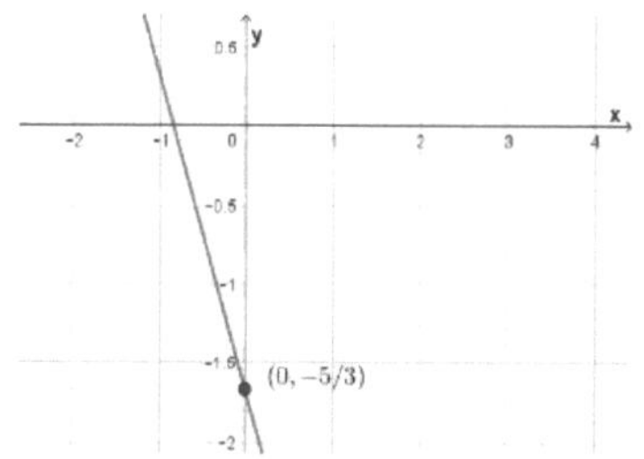

e. representa una recta perpendicular a **y = -2x- 5**

4) Dada la función **y= (x+1) (x-5)**   es cierto que:

a. Se puede expresar en forma equivalente: $y= (x-2)^2-9$

b. Su gráfica es:

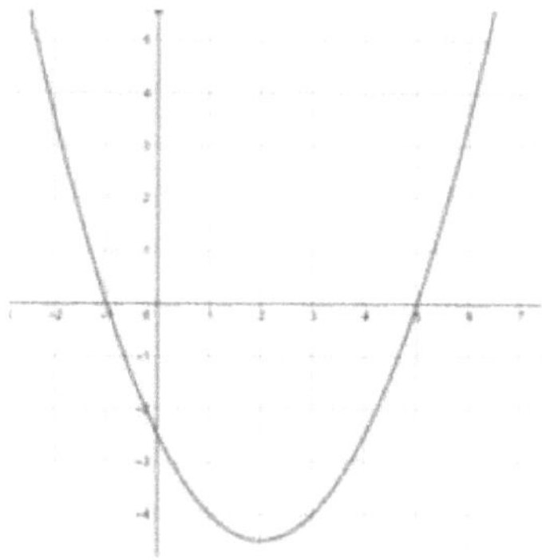

c. El conjunto imagen es (-9, -∞]

d. La ordenada al origen es y=9

5) Considerando la función definida por tramos:

$$f(x) = \begin{cases} \left(\dfrac{1}{2}\right)^{x+1} + 1 & x < -1 \\ -\log_2 (x + 2) & x \geq -1 \end{cases}$$

<u>NO SE CUMPLE</u>:

    a. El conjunto imagen de f es: $CI_f = (-\infty, 0] \, U \, (2, +\infty)$

    b. El conjunto dominio de f es: $D_f = R$

    c. Los puntos de intersección con los ejes coordenados son: (-1, 0) y (0,-1)

    d. Tiene Asíntotas.

6) Interpretando la expresión $y = \log_2 (x+3) -1$ se deduce que:

    a. Su gráfica posee ASÍNTOTA de ecuación y=-1

    b. Representa una función con DOMINIO el conjunto: **R**

    c. Su gráfica NO INTERSECA al eje de ordenadas (eje y)

    d. Su representación gráfica es:

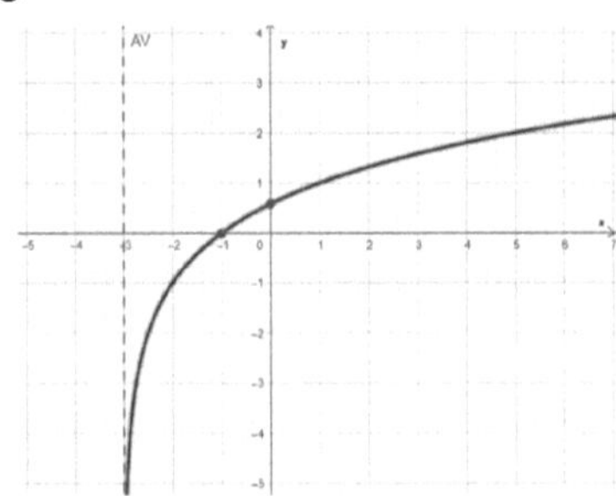

    e. El DOMINIO de la FUNCIÓN INVERSA a la dada es: (-3; ∞)

7) Dado el sistema de ecuaciones en las variables **x, y** donde **a** es un

número real: $\quad \begin{cases} y = x^2 + a \\ y + 2 = 0 \end{cases}$

Interpretando el sistema en lenguaje gráfico, se puede asegurar que:

a. Si a = -2 el conjunto solución del sistema es: S={ } (conjunto vacío)

b. Si a <-2 el sistema tiene una única solución

c. la representación gráfica del sistema de ecuaciones para un valor

de a>-2, puede ser:

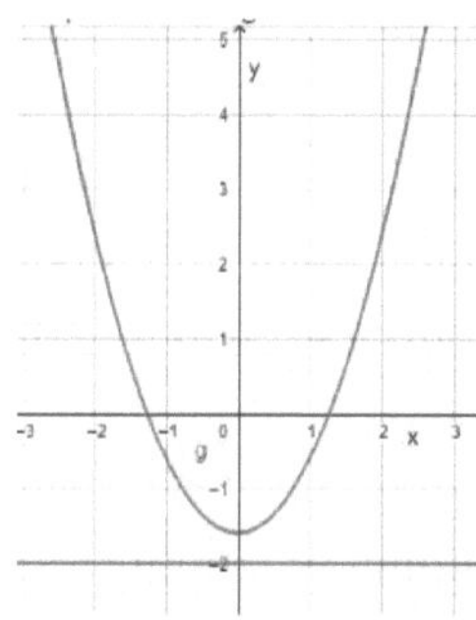

d. Si a = 0   el sistema tiene una única solución

8) Interpretando la expresión: f(x) = -2(x-3)(x+1) se deduce que:

a. Su gráfica es:

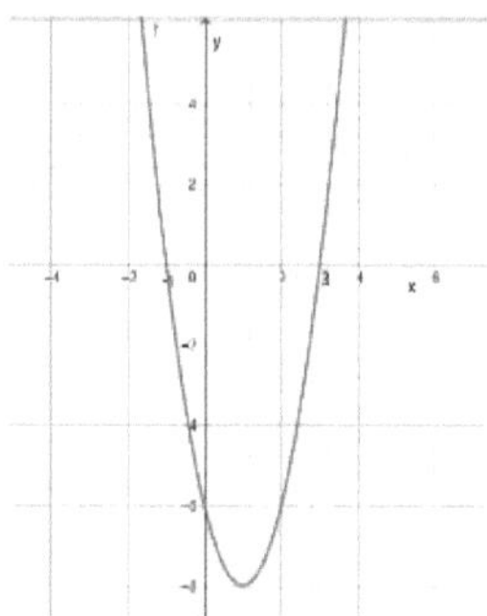

b. La gráfica de f INTERSECA al eje de ordenadas (eje y) en (6, 0)

c. La gráfica de f INTERSECA al eje de abscisas (eje x) en los puntos (-3, 0) Y (1, 0)

d. f alcanza un VALOR MÍNIMO en el punto (1, 8)

e. Se puede expresar en forma EQUIVALENTE: $y = -2(x-1)^2 + 8$

f. Su gráfica es:

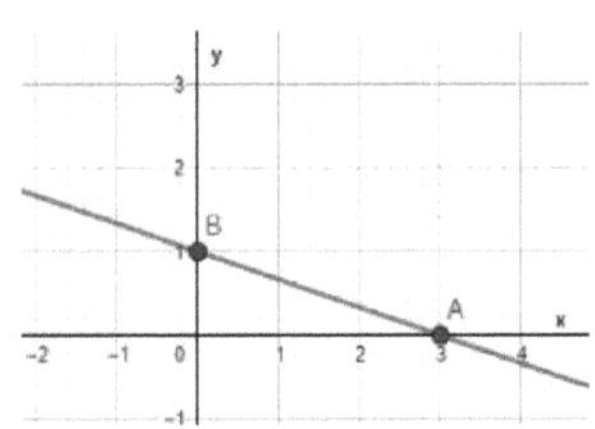

9) Dada la función: $y = f(x) = |x-3|-6$

El siguiente procedimiento:

Si y=0 entonces $|x-3|-6 = 0$ $\rightarrow$ $|x-3| = 6$ $\rightarrow$ x-3 = 6 v x-3 = -6 $\rightarrow$ x=9 v x= -3

Luego los puntos son: (-3, 0) y (9, 0)

Se utiliza para determinar:

a. Los puntos de intersección de la gráfica de f con el eje de ordenadas (eje y)

b. Los puntos de intersección de la gráfica de f con el eje de abscisas (eje x)

c. El dominio de la función.

d. La simetría de la función respecto al eje x.

10) Interpretando la expresión: $(g \circ f)(x) = g(f(x)) = g(\sqrt{x}) = \sqrt{x} + 1$

La opción que NO SE CUMPLE es:

a. $Df = [0, \infty)$

b. $g(x) = x+1$

c. f y g no son funciones inversas.

d. Se realiza el producto entre las funciones f y g

11) Observando la siguiente representación gráfica:

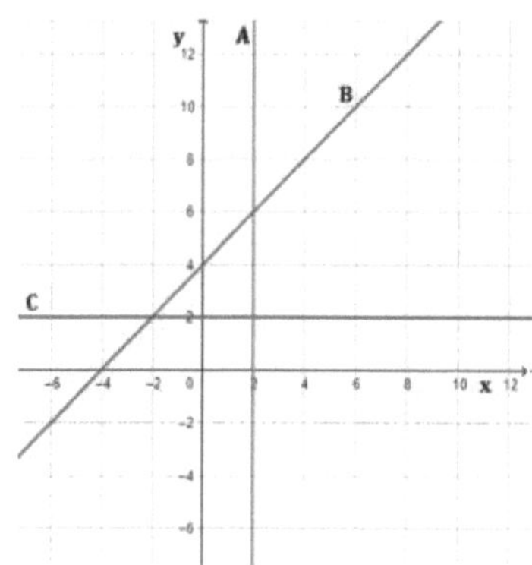

Se puede asegurar que:

a. $x = 2$ es la ecuación de la recta C.

b. $y = 4$ es la ecuación de la recta B.

c. $y = -x + 5$ es una recta perpendicular a la recta B.

d. La recta C no representa una función.

12) Dada la función $y = (x-2)^2 - 9$ es cierto que:

a. Se puede expresar en forma equivalente: $y = (x+1)(x-5)$

b. Su gráfica es:

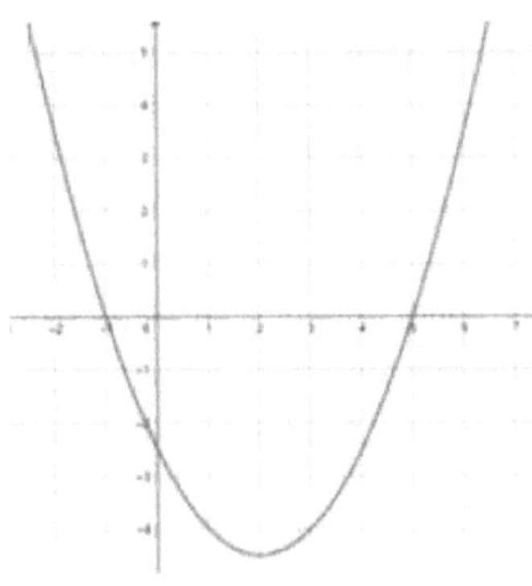

c. El conjunto imagen es (-9, -∞]

d. La ordenada al origen es y= -9

13) Analizando la siguiente representación gráfica donde la variable q es la cantidad y p el precio unitario de un producto en el mercado,

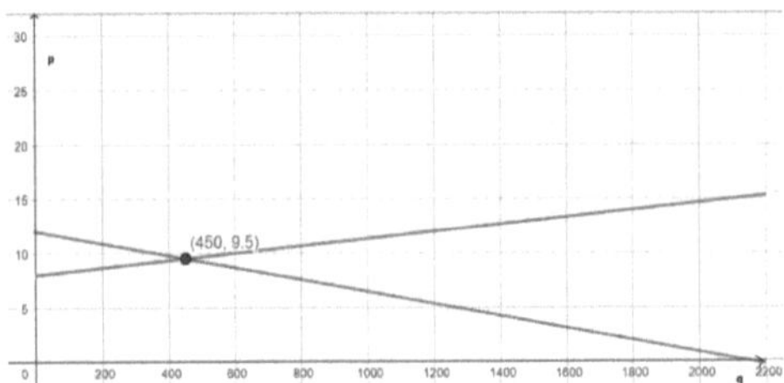

se deduce que:

a. Cuando se producen y venden 450 unidades, el ingreso total es igual al costo total.

b. Si el precio del producto en el mercado es 10 u.m., habrá exceso de demanda.

c. La gráfica es la representación de un modelo de ingreso en función de la demanda.

d. Una de las ecuaciones de las rectas representadas es p= (1/300) q + 8

14) La cantidad de equilibrio para el modelo lineal Costo-Ingreso-Beneficio es 200 unidades. Si los costos fijos de producción son de 140000 u.m., entonces la ecuación que representa el beneficio correspondiente a dicho modelo es:

    a. $y = 200x + 140000$

    b. $y = 700x - 140000$

    c. $y = 200x - 140000$

    d. $y = 140000x - 200$

15) Sabiendo que las gráficas de las funciones f y g son simétricas respecto a la recta $y = x$, como se observa a continuación:

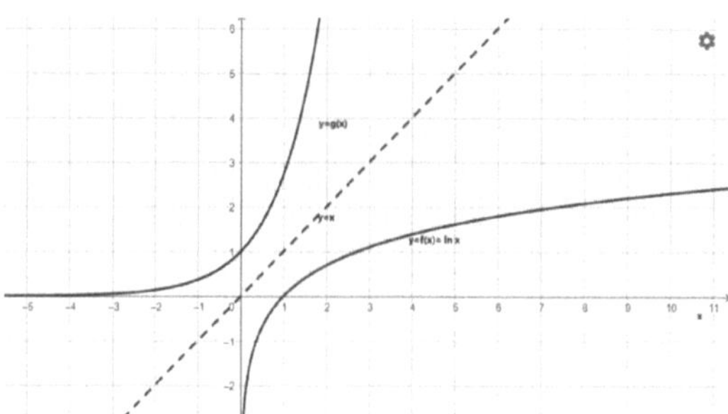

Se puede asegurar que:

    a. $g(x) = 2^x$

    b. $g(x) = \ln(x-1)$

    c. $g(x) = \ln(-x)$

    d. $g(x) = e^x$

16) Una empresa cuenta con un presupuesto de 10000 u.m para adquirir dos bienes A y B, cuyos precios son 100 u.m y 500 u.m respectivamente. Si "x" representa la cantidad de bienes A adquiridos e "y" la cantidad de bienes B, entonces se puede asegurar que:

a. Por cada unidad del artículo B que no adquiera, podré adquirir 5 unidades del artículo A.

b. Si todo el presupuesto se destina a la compra de A, podemos adquirir 20 unidades de este bien.

c. Si el precio del bien B se reduce un 10%, el modelo de presupuesto es: $100x + 500y = 9000$

d. El modelo de presupuesto es: $500x + 100y = 1000$

17) Con una aplicación matemática se resuelve la ecuación:

$$\log(2x-3) + \log(3x-2) = 2 - \log 25$$

destacándose los siguientes pasos denominados: 1), 2), …8)

1) $\log(2x - 3) + \log(3x - 2) = 2 - \log 25$

2) $\log(2x - 3) + \log(3x - 2) = \log 100 - \log 25$

3) $\log((2x - 3)(3x - 2)) = \log\left(\dfrac{100}{25}\right)$

4) $(2x - 3)(3x - 2) = \dfrac{100}{25}$

5) $(2x - 3)(3x - 2) = 4$

6) $6x^2 - 4x - 9x + 6 = 4$

7) $6x^2 - 13x + 2 = 0$

8) $x = \dfrac{13 \pm \sqrt{169 - 48}}{12} = \dfrac{13 \pm \sqrt{121}}{12} = \dfrac{13 \pm 11}{12} = \begin{cases} 2 \\ 1/6 \end{cases}$

Analizando cada uno de los pasos, se deduce que:

a. En el paso 2)   se aplica: $2 = \log 100$

b. En el paso 3) se aplica la propiedad: $\log a \cdot \log b = \log(a+b)$

c. En el paso 4) se aplica la propiedad: $\log(a-b) = \log a : \log b$

d. El conjunto solución de LA ECUACIÓN LOGARÍTMICA DADA es: $S = \{\, 2;\ 1/6\}$

e. Paso 8) El único valor que verifica LA ECUACIÓN DE SEGUNDO GRADO generada es $x = 2$

18) Analizando la gráfica de la función de expresión y =f(x)

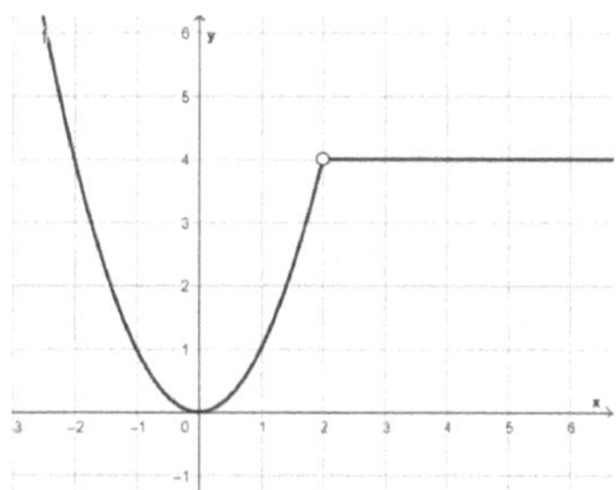

Es correcto afirmar que:

a. El dominio de f es: Df= R

b. El conjunto imagen de f es: If =R$^+$

c. $f(x) = \begin{cases} x^2 & \text{si } x < 2 \\ 4x & \text{si } x > 2 \end{cases}$

d. El conjunto imagen de f es: If = R - {4}

e. f es una función 1 a 1

f. $f(x) = \begin{cases} x^2 & \text{si } x < 2 \\ 4 & \text{si } x > 2 \end{cases}$

19) Las gráficas de las funciones f y h se obtienen trasladando la gráfica de la función g como se observa en la imagen:

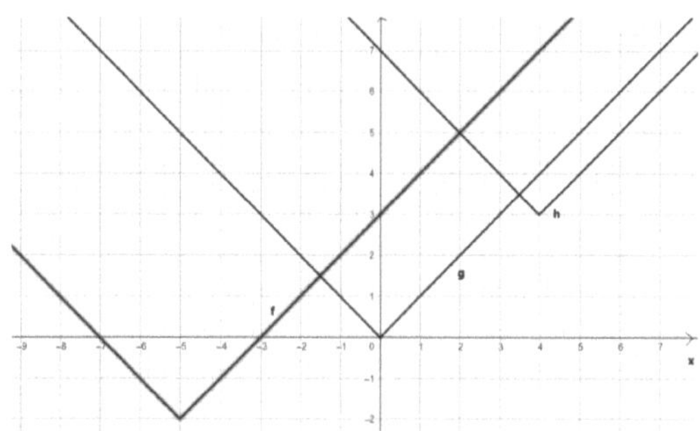

Si g(x)= |x| se puede asegurar que:

a. f(x)= |x-5|-2

b. h(x)= |x-4|+3

c. f(x)= |x+5-2|

d. h(x)= |x-3|+4

e. f(x)= |x|+5 -2

20) La información que analiza un empresario previo a la venta de su producto, con la finalidad de estimar el ingreso y=I(q), se sintetiza mediante los siguientes modelos: **p= -2.5q + 30**, donde q es la cantidad de unidad que los consumidores demandan cuando el precio del producto es p dólares como se observa en los siguientes gráficos:

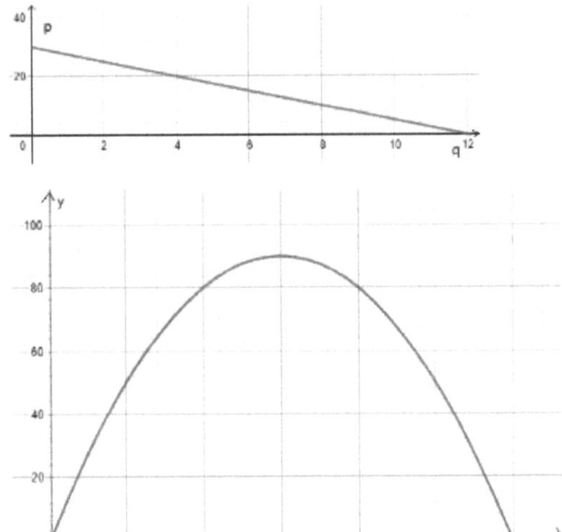

Con la información el empresario deduce que:

a. El ingreso máximo se obtendrá cuando el precio del producto sea: 15 dólares

b. El ingreso es máximo cuando el precio del producto es máximo.

c. La máxima demanda del producto es 6 unidades.

d. Si el precio de producto es 20 dólares, el ingreso es 90 dólares.

e. La expresión del ingreso en función de la demanda es: I(q) = 12q

21) Teniendo en cuenta la siguiente representación gráfica, se puede asegurar que la expresión analítica

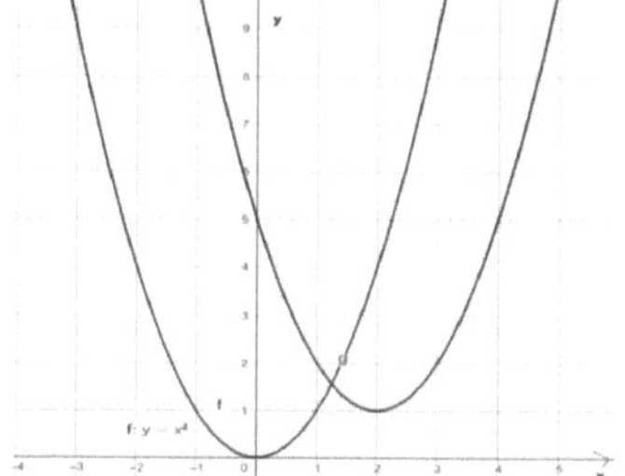

a. $g(x) = (x + 2)^2 + 1$

b. $g(x) = (x - 2)^2 + 1$

c. $g(x) = (x - 1)^2 - 2$

d. $g(x) = (x + 1)^2 - 2$

e. Ninguna de las anteriores.

22) Dada la función $f(x) = \frac{1}{x}$ entonces la función $g(x) = \frac{1}{x+1} - 3$ se logra si:

a. La gráfica de f se traslada primero 1 unidad hacia la derecha y luego 3 unidades hacia arriba.

b. La gráfica de f se traslada primero 1 unidad hacia la izquierda y luego 3 unidades hacia abajo.

c. La gráfica de f se traslada primero 3 unidades hacia abajo y luego 1 unidad hacia la derecha.

d. La gráfica de f se traslada primero 1 unidad hacia la derecha y luego 3 unidades hacia abajo.

23) Si la función $g(x) = (x + 2h)^3$ se obtiene al trasladar 1 unidad a la derecha la gráfica de la función $f(x) = x^3$ entonces el valor de h es:

a. $h = -\dfrac{1}{2}$

b. $h = \dfrac{1}{2}$

c. $h = 2$

d. $h = -2$

e. Ninguna de las opciones anteriores.

24) La gráfica de la función inversa de $f(x) = 2^{x+1} - 3$ es:

a.

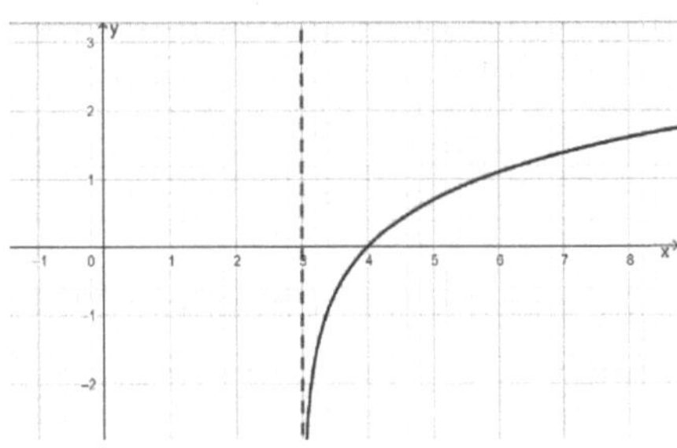

b.

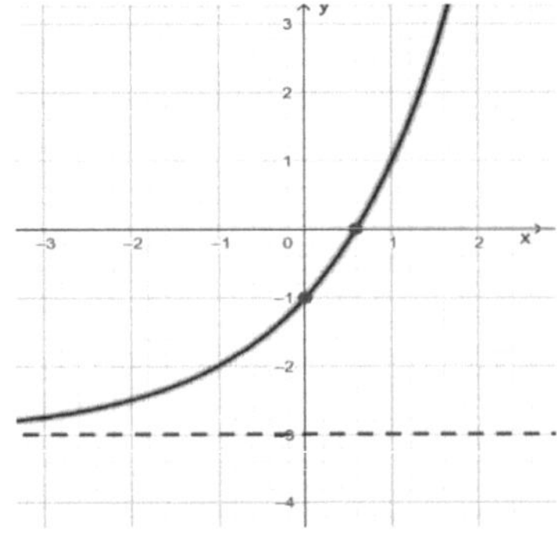

c.

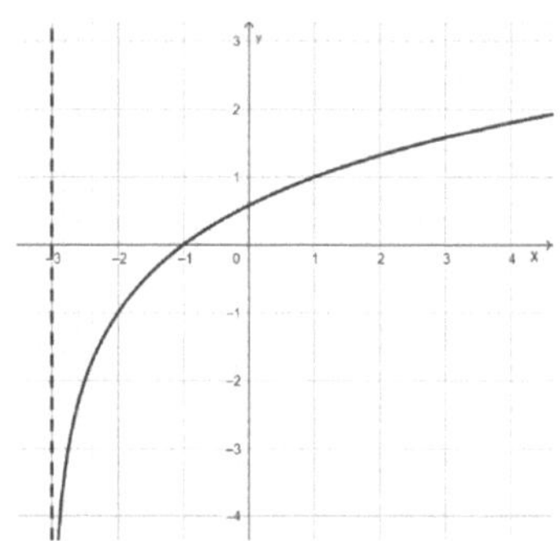

d. Ninguna de las opciones anteriores.

25) Si la función $y = \dfrac{2}{x-3(a+b)} + 2b$ tiene asíntota vertical $x = 5$ y asíntota horizontal $y = -4$ entonces los valores de a y b son:

a. $a = \dfrac{5}{2}$ y $b = 1$

b. $a = 1$ y $b = -2$

c. $a = -\dfrac{7}{6}$ y $b = \dfrac{5}{2}$

d. $a = \dfrac{11}{3}$ y $b = -2$

e. $a = \dfrac{11}{3}$ y $b = 4$

26) Si las funciones de oferta y de demanda son $p = \dfrac{q}{40} + 10$ y $p = \dfrac{8000}{q}$ se puede asegurar que:

a. p = 25 es el precio mínimo de oferta.

b. Si p = 25 entonces hay exceso de demanda.

c. Si p = 25 entonces hay exceso de oferta.

d. p = 25 es el precio de equilibrio.

27) Si un capital de \$20000 se afecta a una tasa de interés del 2% mensual, la expresión que permite calcular la cantidad de meses t que deben transcurrir para retirar \$40000 es:

a. $t = 40000(1 + 0{,}02)$

b. $t = 20000(1 + 0{,}02)$

c. $t = \dfrac{\log 2}{\log 1{,}02}$

d. $t = \dfrac{\log 1{,}02}{\log 2}$

28) La siguiente gráfica representa el capital que genera \$1000 cuando es afectado a una tasa de interés compuesto anual del 6% durante n años conforme al modelo: $S = f(n) = 1000(1.06)^n$

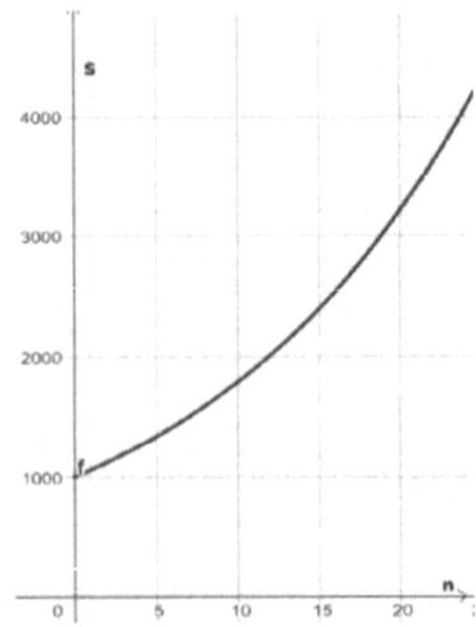

Entonces se puede asegurar que:

a. Después de 10 años, el interés (redondeado a dos decimales) es $790,85.

b. Cuando transcurren 8 años, el capital (redondeado a dos decimales) es $593,85.

c. Transcurridos 30 años, el capital es $5000.

d. Ninguna de las opciones anteriores.

29) Si la ecuación de oferta de un fabricante es $p = \log\left(10 + \frac{q}{2}\right)$ donde q es el número de unidades ofrecidas a un precio unitario p (**en miles de pesos**), entonces el precio mínimo de oferta es:

a. $1

b. $10

c. $100

d. $1000

30) El siguiente gráfico representa un modelo de "ingreso en función de la demanda"

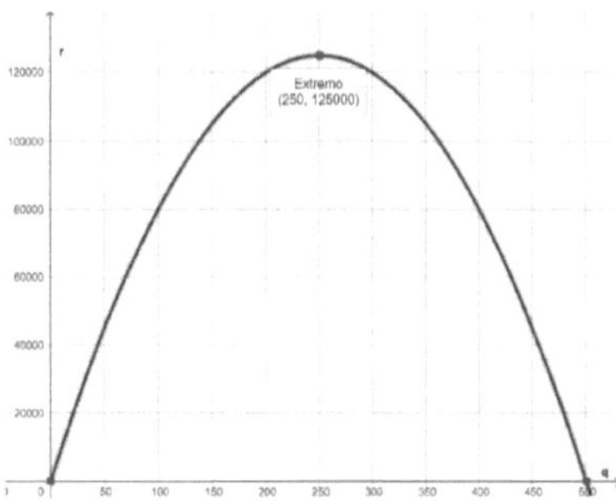

Con la información del gráfico se puede asegurar que:

a. La máxima demanda del producto es 250 unidades.

b. Cuando el precio unitario es 500 unidades monetarias, el ingreso es máximo.

c. El precio máximo del producto es 125000 unidades monetarias.

d. Ninguna de las opciones anteriores.

31) La cantidad de equilibrio para el modelo lineal Costo-Ingreso-Beneficio es 100 unidades. Si los costos fijos de producción son de 4000 u.m., la ecuación que representa el beneficio correspondiente a dicho modelo es:

a. $y = 100x + 4000$

b. $y = 4000x - 100$

c. $40x - y = 4000$

d. $y - 40x = 4000$

32) Si $I = 100q - 2q^2$ es la ecuación que modela el Ingreso en función de la cantidad demandada q, se puede asegurar que:

a. La demanda máxima del producto es 50 unidades.

b. El ingreso disminuye si $0 < q < 25$.

c. El máximo ingreso es 25 u.m.

d. Ninguna de las opciones anteriores.

33) El modelo de demanda representado en el siguiente gráfico es:

a. $p = 0,5q + 3$

b. $p = -2q + 5$

c. $p = -0,5q + 5$

d. $p = -0,5q + 4$

e. Ninguna de las anteriores

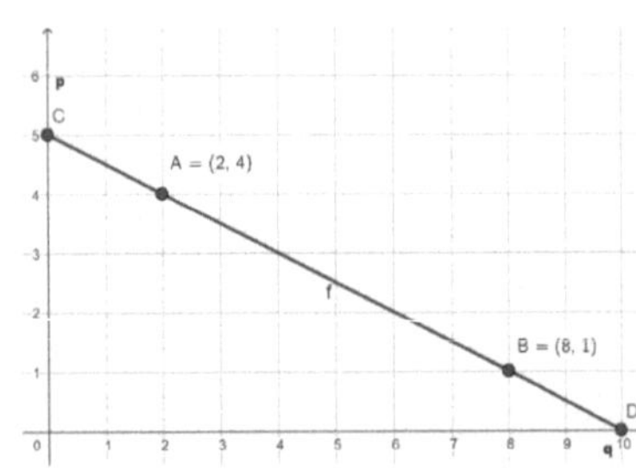

34) La información que aporta el siguiente modelo de demanda es:

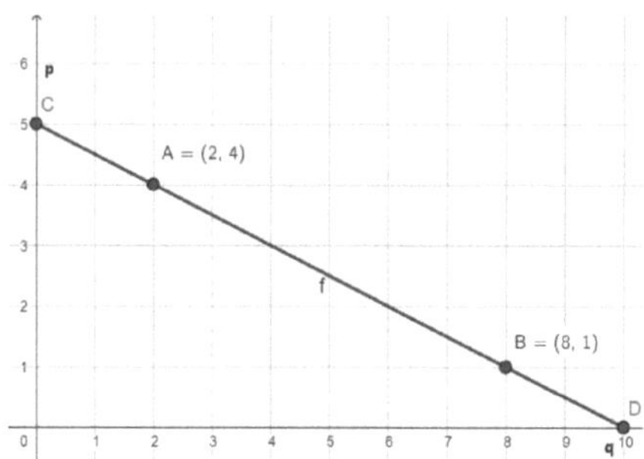

a. Si se adquieren 8 unidades de producto el precio total es de 1 u.m.

b. Cuando el precio disminuye 1 u.m., los consumidores pueden adquirir 2 unidades más de dicho producto.

c. El precio máximo de demanda es de 4 u.m.

d. Ninguna de las anteriores.

35) Sea la función $D(x) = -2x + 30$ el modelo de demanda de un producto en el mercado, siendo x la cantidad del producto que los consumidores están dispuestos a adquirir a un determinado precio (en $). Si $10 es el precio a partir del cual el fabricante ofrece dicho producto y $20 es el precio de equilibrio, se puede asegurar que cuando el precio es $18:

a. La cantidad demandada es el doble de la ofrecida.

b. La cantidad ofrecida es el doble de la demandada.

c. La cantidad demandada es 2 unidades menor a la ofrecida.

d. La cantidad ofrecida es 2 unidades menor a la demandada.

36) La siguiente representación gráfica corresponde a un modelo de Costo-Ingreso. La información que aporta permite asegurar que la ecuación que representa la función de Beneficio (B) es:

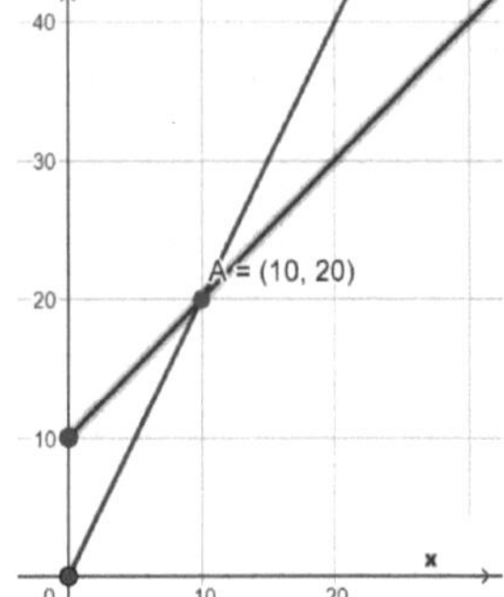

a. $B(x) = x + 10$

b. $B(x) = 2x$

c. $B(x) = x - 10$

d. $B(x) = 2x - 10$

e. Ninguna de las opciones anteriores.

37) Un empresario necesita anticipar el ingreso máximo que obtendría por la venta de su producto, para lo cual se conoce que la demanda de dicho producto es:

$$p(q) = -1{,}5q + 900$$

donde p es el precio unitario del bien, en \$, cuando se demandan q unidades. Con esta información se puede asegurar que el ingreso máximo es:

a. \$135000

b. \$900

c. \$15000

d. Ninguna de las opciones anteriores.

38) Sabiendo que el modelo de ingreso en función de la demanda es:

$$I(q) = 24q - 2q^2$$

donde q es la cantidad demandada de un producto, se puede asegurar que el ingreso es máximo cuando el precio del producto en el mercado es de:

a. 12 u.m.

b. 6 u.m.

c. 24 u.m.

d. Ninguna de las opciones anteriores.

39) Interpretando el gráfico se puede asegurar que:

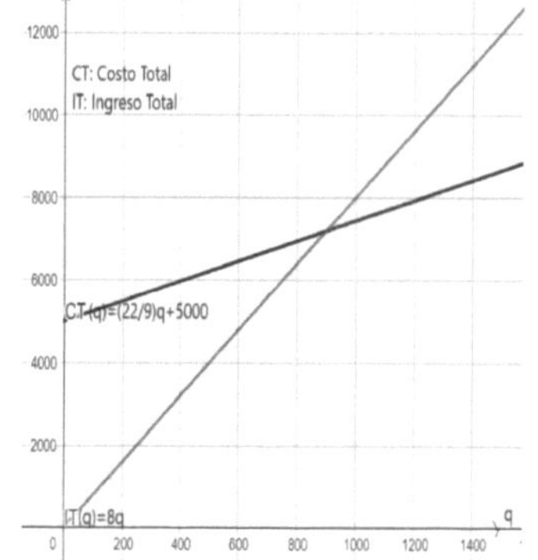

a. Se deben producir y vender menos de 900 unidades para obtener ganancias.

b. Se deben producir y vender más de 900 unidades para obtener ganancias.

c. Se deben producir y vender más de 850 unidades para obtener ganancias.

d. Se deben producir y vender más de 800 unidades para obtener ganancias.

e. Ninguna de las anteriores.

40) Para la función de costo promedio $y = \dfrac{4x+600}{x}$ se cumple que:

a. A medida que aumenta la cantidad producida, el costo promedio disminuye y se aproxima a 600.

b. A medida que aumenta la cantidad producida, el costo promedio disminuye y se aproxima a 4.

c. El costo total es 600 u.m.

d. El costo fijo es de 4 u.m.

e. El costo promedio es mayor que 600 u.m.

41) Teniendo en cuenta la siguiente imagen, se puede asegurar que:

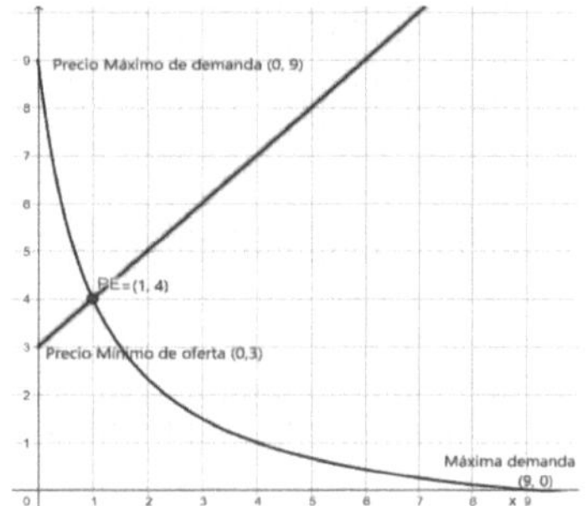

a. Si el precio es 6 u.m., hay exceso de demanda.

b. El modelo de oferta es $y = 2x + 3$

c. El modelo de demanda es $y = \dfrac{10}{x+1} - 1$

d. El modelo de demanda es $y = \dfrac{10}{x+1} + 9$

42) Si el modelo de costo promedio $y = \dfrac{600}{x} + 2$ entonces el modelo de costo total es:

a. $y = \dfrac{600 + 2x}{x}$

b. $y = 600x + 2$

c. $y = 2x + 600$

d. Ninguna de las opciones anteriores.

43) Un constructor que se dedica a refaccionar casas tiene costos fijos de $500000 mensuales, siendo los demás gastos de $30000 por cada refacción. Con la información dada se deduce que el modelo de costo promedio es:

a. $y = 30000x + 500000$

b. $y = \dfrac{500000}{x} + 30000$

c. $y = \dfrac{500000\,x + 30000}{x}$

d. Ninguna de las opciones anteriores.

44) Si $y = 20$ es la asíntota horizontal de la gráfica de la función de costo promedio, entonces:

a. El costo promedio es 20 u.m.

b. El costo fijo es 20 u.m.

c. El costo variable es 20 u.m.

d. Ninguna de las opciones anteriores.

45) Dada la función $f(x) = -2x^2 - 12x - 19$; identificar la opción FALSA:

a. Es simétrica respecto a la recta $x = -3$

b. El conjunto imagen (o rango) es $\text{Im}_f = (-\infty, -19]$

c. El vértice es el punto $(-3, -1)$

46) Dada la función $f(x) = -(x + 1)^2 + 9$; identificar la opción VERDADERA:

a. Las raíces son -4 y 2.

b. La ordenada al origen es 9.

c. El vértice es $(1,9)$.

d. Es cóncava hacia arriba.

47) Para que el rango (o imagen) de la función $f(x) = \frac{1}{x-4}$ sea el conjunto R^+, su dominio debe ser:

a. $(-\infty, 0)$

b. $(-\infty, 4)$

c. $(0. \infty)$

d. $(4, \infty)$

48) Si la gráfica de una función por tramos es:

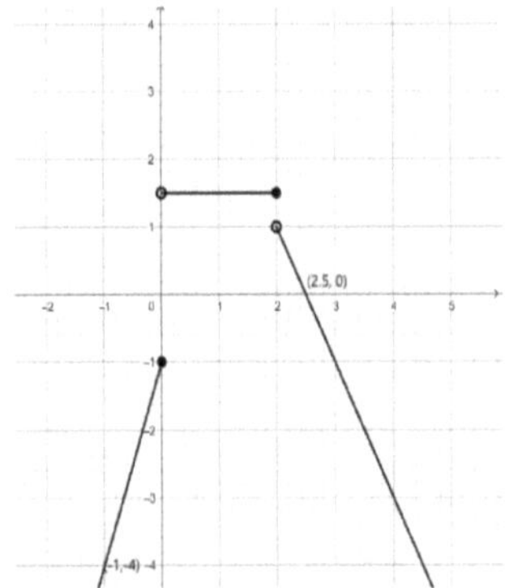

Entonces su fórmula está dada por:

a. $f(x) = \begin{cases} 3x - 1 & \text{si } x \leq 0 \\ \frac{3}{2} & \text{si } 0 < x < 2 \\ -2x + 5 & \text{si } x \geq 2 \end{cases}$

b. $f(x) = \begin{cases} 3x - 1 & \text{si } x \leq 0 \\ \frac{3}{2} & \text{si } 0 < x \leq 2 \\ 2x + 5 & \text{si } x > 2 \end{cases}$

c. $f(x) = \begin{cases} 3x - 1 & \text{si } x \leq 0 \\ \frac{3}{2} & \text{si } 0 < x \leq 2 \\ -2x + 5 & \text{si } x > 2 \end{cases}$

d. Ninguna de las opciones anteriores.

49) Si $f(x) = e^{x-2}$ y se conoce que su gráfica es simétrica a la gráfica de la función $y = g(x)$ respecto a la recta $y = x$ se puede asegurar que:

a. $g(x) = e^x + 2$

b. $g(x) = e^{x+2}$

c. $g(x) = \ln(x + 2)$

d. $g(x) = \ln x + 2$

e. Ninguna de las opciones anteriores.

50) Si $f(x) = \sqrt[3]{x} + 4$ y se sabe que $(f \circ g)(x) = (g \circ f)(x) = x$ entonces se puede asegurar que:

a. $g(x) = (x - 4)^3$

b. $g(x) = (x + 4)^3$

c. $g(x) = x^3 + 4$

d. $g(x) = x^3 - 4$

e. Ninguna de las opciones anteriores.

1) c.
2) c.
3) c.
4) a.
5) d.
6) d.
7) c.
8) e.
9) b.
10) d
11) c.
12) a.
13) d.
14) b.
15) d.
16) a.
17) a.
18) f.
19) b.
20) a.
21) b.
22) b.
23) a.
24) c.
25) d.
26) c.
27) c.
28) a.
29) d.
30) b.
31) c.
32) a.
33) c.
34) b.
35) d.
36) c.
37) a.
38) a.

39) b.

40) b.

41) c.

42) c.

43) b.

44) c.

45) b.

46) a.

47) d.

48) c.

49) d.

50) a.

1) La matriz $A=[a_{ij}]$ de orden 2x3, tal que $a_{ij}=1$ para $i=j$ y $a_{ij}=0$ para $i\neq j$ es:

a. $A = \begin{bmatrix} 0 & 1 & 1 \\ 1 & 0 & 1 \end{bmatrix}$

b. $A = \begin{bmatrix} 1 & 0 \\ 0 & 1 \\ 0 & 0 \end{bmatrix}$

c. $A = \begin{bmatrix} 1 & 0 & 0 \\ 0 & 1 & 0 \end{bmatrix}$

2) La inversa de la matriz $c = \begin{bmatrix} 1 & -2 \\ 2 & -3 \end{bmatrix}$ es:

a. $c^{-1} = \begin{bmatrix} -3 & 2 \\ -2 & 1 \end{bmatrix}$

b. $c^{-1} = \begin{bmatrix} -1 & 1/2 \\ -1/2 & 1/3 \end{bmatrix}$

c. $c^{-1} = \begin{bmatrix} 1/2 & -1 \\ 1 & -3/2 \end{bmatrix}$

3) Suponiendo que los precios en dólares por unidad para tres artículos A1, A2 y A3 están representados por el vector precios $P=[2\ 3\ 4]$ y las cantidades de los artículos A1, A2 y A3 que se compran están representados por el vector $C = \begin{bmatrix} 7 \\ 5 \\ 11 \end{bmatrix}$. Entonces el costo total (Ct) en dólares de la compra está dada por:

a. $Ct = [14\ \ 15\ \ 44]$

b. $Ct = [73]$

c. $Ct = \begin{bmatrix} 14 \\ 15 \\ 44 \end{bmatrix}$

4) Respecto a su valor de verdad el enunciado: "**La matriz identidad es una matriz de orden nxn diagonal donde todos los elementos de la diagonal principal son iguales a uno** " es:

    a. VERDADERO

    b. FALSO

5) Respecto a su valor de verdad el enunciado: "**Si A es una matriz invertible entonces la ecuación matricial AX = B tiene como única solución X $= A^{-1} \cdot B$**" es:

    a. VERDADERO

    b. FALSO

6) El sistema $\begin{cases} x + 2y + 4z = 6 \\ y + 2z = 3 \\ x + y + 2z = 1 \end{cases}$ tiene:

    a. una única solución (compatible determinado)

    b. No tiene solución (Incompatible)

    c. Infinitas soluciones (compatible indeterminado)

7) Dado el siguiente sistema de ecuaciones $\begin{cases} -6x - 2y = 2 - 4z \\ 1 - 3x - y = -2z \\ x - z = k + 3y \end{cases}$

El valor de k para que sea compatible es:

    a. K= ½

    b. K=0

    c. Ninguna de las otras opciones

8) El sistema de ecuaciones lineales $\begin{cases} -6x - 2y = 2 - 4z \\ 1 - 3x - 3y = -2z \\ x - z = 3y \end{cases}$ tiene infinitas

soluciones:

  a. VERDADERO

  b. FALSO

9) Todo sistema de ecuaciones lineales homogéneo tiene infinitas soluciones

  a. VERDADERO

  b. FALSO

10) El sistema $\begin{cases} 4x + y + z - 6w = 13 \\ y + z = 3 \\ 2x - 3w = 5 \end{cases}$ es compatible determinado.

  a. VERDADERO

  b. FALSO

11) Dado el sistema de ecuaciones lineales $\begin{cases} 2x - 3 + 4z = 2y \\ z - 2x + 10 = -4y \\ y - z + 2x - 1 = 0 \end{cases}$ donde

$x = \begin{pmatrix} x \\ y \\ z \end{pmatrix}$ es el vector de incógnitas, entonces la matriz ampliada es:

  a. $\begin{pmatrix} 2 & 2 & 4 & -3 \\ -2 & -4 & 1 & 10 \\ 2 & 1 & -1 & -1 \end{pmatrix}$

  b. $\begin{pmatrix} 2 & -2 & 4 & -3 \\ -2 & -4 & 1 & 10 \\ 2 & 1 & -1 & -1 \end{pmatrix}$

c. $\begin{pmatrix} 2 & -3 & 4 & 2 \\ 1 & -2 & 10 & -4 \\ 1 & -1 & 2 & 1 \end{pmatrix}$

d. $\begin{pmatrix} 2 & -2 & 4 & 3 \\ -2 & 4 & 1 & -10 \\ 2 & 1 & -1 & 1 \end{pmatrix}$

e. Ninguna de las opciones anteriores

12) Respecto a su valor de verdad, el enunciado: Dado el sistema de ecuaciones $\begin{cases} 3y + 4 = 2x \\ -2x + 5 = 8y \end{cases}$ entonces aplicando la regla de Cramer resulta

$$x = \frac{\begin{vmatrix} 4 & 3 \\ 5 & -8 \end{vmatrix}}{\begin{vmatrix} -2 & 3 \\ -2 & -8 \end{vmatrix}} \qquad y = \frac{\begin{vmatrix} -2 & 4 \\ -2 & 5 \end{vmatrix}}{\begin{vmatrix} -2 & 3 \\ -2 & -8 \end{vmatrix}} \quad \text{es:}$$

a. VERDADERO

b. FALSO

13) La matriz $A = \begin{pmatrix} 1 & 2 & -5 \\ k & 3 & 5 \\ 0 & 1 & 5 \end{pmatrix}$ no admite inversa para k=3/2

a. VERDADERO

b. FALSO

14) Una cátedra tiene 3 aulas virtuales A, B y C. El número total de matriculados es 352, el número de matriculados en el aula C es un cuarto de los matriculados en el aula A. Además, la diferencia entre los matriculados en el aula A y en el aula B es inferior en 2 unidades al doble de los matriculados en el aula C.

Llamando x: número de matriculados en el aula A,

 y: número de matriculados en el aula B y

z: número de matriculados en el aula C

el sistema de ecuaciones lineales que modela esta situación es:

a. $\begin{cases} x + y + z = 352 \\ \quad\quad 4z = x \\ x - y + 2 = 2z \end{cases}$

b. $\begin{cases} x + y + z = 352 \\ \quad\quad z = \frac{1}{4}x \\ x - y = 2z + 2 \end{cases}$

c. $\begin{cases} x + y + z = 352 \\ \quad\quad 4z = x \\ x - y = 2z + 2 \end{cases}$

15) Un maestro preparó tres exámenes para cinco estudiantes y ha decidido ponderar los primeros dos exámenes a un 30% cada uno y el tercero a un 40%. La matriz M guarda las notas de los 5 estudiantes y la matriz P la ponderación que decidió el maestro para cada uno de los exámenes.

$$M = \begin{pmatrix} 75 & 82 & 86 \\ 91 & 95 & 100 \\ 65 & 70 & 68 \\ 59 & 80 & 99 \\ 75 & 76 & 74 \end{pmatrix} \quad y \quad P = \begin{pmatrix} 30 & 30 & 40 \end{pmatrix}$$

Si el maestro desea calcular la nota final (considerando los tres exámenes) obtenida por cada uno de los cinco estudiantes debe realizar la siguiente operación matricial;

a. $P.M^t$

b. $\frac{1}{100}(P.M^t)$

c. $0{,}10 . M . P^t$

16) Los valores de x que son solución de la ecuación $\begin{vmatrix} 3x & -1 \\ x & 2x-3 \end{vmatrix} = \frac{3}{2}$ son:

    a. $\{-3/2;1/6\}$

    b. $\{-1/6;3/2\}$

    c. $\{-1/4;-6;4\}$

17) Un sistema de ecuaciones lineales es incompatible si:

    a. El rango de la matriz de los coeficientes es menor que el rango de la matriz ampliada

    b. El rango de la matriz de los coeficientes es menor que el número de incógnitas.

    c. La cantidad de ecuaciones no coincide con el número de incógnitas.

18) El rango de la siguiente matriz A$=\begin{pmatrix} 1 & 2 & -2 \\ 6 & 5 & -2 \\ 4 & 1 & 2 \end{pmatrix}$ es:

    a. 3

    b. 1

    c. 2

    d. Ninguna de las opciones anteriores

19) El Valor de la variable X en la siguiente ecuación matricial X.A.B – X. C = 2C es:

    a. Ninguna de las otras opciones es correcta.

    b. X$= (A.B\text{-}C)^{-1}.\ 2C$

    c. X$= 2C\ .(A.B\text{-}C)^{-1}$

    d. X$= (A.B)^{-1}.3C$

20) Dado el sistema de ecuaciones: $\begin{cases} 4a + b + c - 6d = 13 \\ b + c = 3 \\ 2a - 3d = 5 \end{cases}$ el conjunto

solución es:

   a. $S = \{ (4, 1, 2, 1)\}$

   b. No tiene solución.

   c. $S = \left\{ \forall t \in R, \forall s \in R \left(\frac{5}{2} + \frac{3}{2}s, 3 - t, t, s \right) \right\}$

21) Considerando las matrices:

$$\begin{pmatrix} 2 & 1 \\ 0 & 1 \end{pmatrix} \quad \begin{pmatrix} 1 & 2 & 4 \\ 0 & 0 & 1 \\ 0 & 1 & 5 \end{pmatrix} \quad \begin{pmatrix} 1 & -1 \\ 0 & 1 \\ 0 & 0 \end{pmatrix} \quad \begin{pmatrix} 1 & -1 & 2 \\ 0 & 0 & 0 \\ 0 & 1 & 3 \end{pmatrix}$$

El valor de verdad de la siguiente proposición: **"Todas las siguientes matrices están expresadas en la forma escalonada"** es:

   a. Verdadero

   b. Falso

22) El valor de verdad de la siguiente proposición: **"Un sistema de ecuaciones lineales es compatible determinado si el rango de la matriz de coeficientes es igual al rango de la matriz ampliada"** , es:

   a. Falso

   b. Verdadero

23) Indica cuál de las siguientes operaciones no es una operación elemental entre matrices:

   a. Sumar un escalar a cada elemento de la matriz

   b. Permutar dos filas de la matriz.

   c. Multiplicar una fila de una matriz por un escalar no nulo.

d. Sumar a una fila de una matriz otra fila de la matriz multiplicada por un escalar

24) El valor de verdad de: "Dado un sistema de ecuaciones lineales en su forma matricial A . X = B , es condición suficiente para que dicho sistema sea incompatible, que no exista la matriz inversa de A" , es:

    a.   VERDADERO

    b.   FALSO

25) El valor de verdad de la siguiente proposición es: $\exists a \in R / \begin{vmatrix} a & -3 \\ 5 & 2a \end{vmatrix} = 0$

    a. FALSO

    b. VERDADERO

26) Considerando las siguientes matrices $A = \begin{pmatrix} 1 & 2 \\ -3 & 5 \end{pmatrix}$ y $B = \begin{pmatrix} 2 & 3 \\ 0 & -1 \end{pmatrix}$, la matriz A. B es:

    a. $\begin{pmatrix} 4 & 1 \\ -1 & -14 \end{pmatrix}$

    b. $\begin{pmatrix} 2 & 1 \\ -6 & -14 \end{pmatrix}$

    c. $\begin{pmatrix} 2 & 6 \\ 0 & -5 \end{pmatrix}$

    d. Ninguna de las otras opciones es correcta.

27) Dadas las matrices A_{2x3} y B_{2x3} , el resultado de $B.A^t$ es una matriz C de orden:

    a. 2X2

    b. 3X2

    c. 2X3

    d. 3X3

28) Considerando la matriz $A = \begin{pmatrix} 1 & 2 \\ -3 & 5 \end{pmatrix}$, la matriz A^2 es :

a. $\begin{pmatrix} 1 & 4 \\ 9 & 25 \end{pmatrix}$

b. $\begin{pmatrix} 1 & 4 \\ -9 & 25 \end{pmatrix}$

c. Ninguna de las otras opciones es correcta

d. $\begin{pmatrix} 5 & -12 \\ 18 & -19 \end{pmatrix}$

29) La forma escalonada de la siguiente matriz $A = \begin{pmatrix} 2 & -4 \\ 3 & 5 \\ 4 & -3 \end{pmatrix}$ es:

a. $\begin{pmatrix} 1 & 0 \\ 0 & 1 \\ 0 & 0 \end{pmatrix}$

b. $\begin{pmatrix} 1 & -2 \\ 0 & 1 \\ 0 & 0 \end{pmatrix}$

c. $\begin{pmatrix} 1 & 2 \\ 0 & 1 \\ 0 & 0 \end{pmatrix}$

d. Ninguna de las otras opciones es correcta

30) La inversa de la siguiente Matriz $C = \begin{pmatrix} 1 & -1 \\ 3 & -2 \end{pmatrix}$ es:

a. $\begin{pmatrix} -3 & 1 \\ -2 & 1 \end{pmatrix}$

b. $\begin{pmatrix} -2 & 1 \\ 3 & -1 \end{pmatrix}$

c. $\begin{pmatrix} -2 & 1 \\ -3 & 1 \end{pmatrix}$

d. $\begin{pmatrix} 2 & -1 \\ -3 & 1 \end{pmatrix}$

31) Siendo A, B, N (matriz nula) matrices de nxn, indica cuales de las siguientes propiedades es incorrecta:

    a. $(A.B)^{-1} = A^{-1}.B^{-1}$

    b. $(A.B)^t = B^t A^t$

    c. $A + (-A) = N$

    d. $(A^t)^{-1} = (A^{-1})^t$

32) Dada la matriz clave A y el mensaje cifrado C :

$$A = \begin{pmatrix} 1 & 0 \\ 2 & 5 \end{pmatrix} \qquad C = \begin{pmatrix} 8 & 26 & 35 \\ 21 & 192 & 210 \end{pmatrix}$$

El mensaje original M es:

    a. Sol radiante

    b. Hay sol radiante

    c. Hay notebook

    d. Un avión

33) Si la matriz M representa un mensaje según los códigos de criptografía y se verifica que:

$$BM + C = A \qquad \text{donde } B = \begin{pmatrix} 1 & 2 \\ 0 & 1 \end{pmatrix}, \qquad C = \begin{pmatrix} 0 & 6 & 10 & 6 & 6 & 2 \\ 2 & 5 & 4 & 9 & 4 & 2 \end{pmatrix} \text{ y}$$

$$A = \begin{pmatrix} 112 & 20 & 50 & 70 & 40 & 70 \\ 30 & 10 & 10 & 30 & 20 & 30 \end{pmatrix}, \text{ entonces el mensaje es:}$$

    a. Helado de chocolate

    b. Manzanas al horno

    c. Juego de tenis

    d. Ninguna de las otras opciones

    e. Estadio de fútbol

34) Considerando la matriz clave $A = \begin{pmatrix} 1 & 4 \\ 3 & 0 \end{pmatrix}$ para encriptar el mensaje "La moto es verde" en una matriz C. Dicha matriz es:

a. $\begin{pmatrix} 12 & 28 & 28 & 20 & 23 & 19 & 5 \\ 1 & 48 & 5 & 28 & 5 & 4 & 28 \end{pmatrix}$

b. Ninguna de las otras opciones

c. $\begin{pmatrix} 13 & 76 & 33 & 48 & 28 & 23 & 33 \\ 36 & 84 & 84 & 60 & 69 & 57 & 15 \end{pmatrix}$

d. $\begin{pmatrix} 16 & 220 & 48 & 132 & 43 & 35 & 117 \\ 36 & 84 & 84 & 60 & 69 & 57 & 15 \end{pmatrix}$

35) Dada la matriz clave A y el mensaje cifrado C:

$$A = \begin{pmatrix} 2 & 1 \\ 5 & 3 \end{pmatrix} \qquad C = \begin{pmatrix} 25 & 114 & 60 & 38 & 25 & 97 \\ 63 & 314 & 152 & 109 & 63 & 263 \end{pmatrix}$$

El mensaje original M es:

a. La casa de la hamburguesa

b. Ninguna de las anteriores

c. La casa de la playa

d. La casa de la torta de cumpleaños

36) Dada la matriz clave A y el mensaje cifrado C:

$$A = \begin{pmatrix} 1 & 2 \\ 0 & 5 \end{pmatrix} \qquad C = \begin{pmatrix} 99 & 29 & 11 & 59 & 15 & 57 \\ 140 & 60 & 15 & 95 & 15 & 140 \end{pmatrix}$$

El mensaje original M es:

a. Tormenta fuerte

b. Tren eléctrico

c. Tormenta eléctrica

d. Todos los días

37) Si la matriz M representa un mensaje según los códigos de criptografía y se verifica que AM + D = H, donde M representa el mensaje "ir de campamento", $A = \begin{pmatrix} 1 & 0 \\ 0 & 2 \end{pmatrix}$ y $D = \begin{pmatrix} -8 & -20 & 5 & -50 \\ -30 & 0 & -50 & -50 \end{pmatrix}$, entonces H es:

a. $H = \begin{pmatrix} 1 & 8 & 0 & 5 \\ 6 & 8 & 6 & 6 \end{pmatrix}$

b. $H = \begin{pmatrix} 1 & 8 & 17 & 5 \\ 8 & 2 & 6 & 6 \end{pmatrix}$

c. $H = \begin{pmatrix} 1 & 8 & 10 & 5 \\ 8 & 8 & 6 & 7 \end{pmatrix}$

d. $H = \begin{pmatrix} 2 & 8 & 10 & 5 \\ 8 & 8 & 6 & 6 \end{pmatrix}$

e. Ninguna de las otras opciones es correcta.

38) Los hábitos de estudio de un alumno son como sigue:
- Si estudia un día, la probabilidad de que no estudie al día siguiente es del 70%.
- La probabilidad de que no estudie dos días seguidos es 60%.

Si un día cualquiera estudia, ¿cuál es la probabilidad de que estudie al cabo de dos días?

a. 26%

b. 37%

c. 63%

d. 50%

e. Ninguna de las otras opciones es correcta.

39) Un alumno acude a la Facultad, o bien en bicicleta o en colectivo. Si un día emplea la bicicleta, al día siguiente utilizará la bicicleta con probabilidad $\frac{1}{2}$, y si va en colectivo, al día siguiente tambien lo hará con probabilidad $\frac{3}{4}$. Entonces el estado de equilibrio es:

    a. Ninguna de las otras opciones

    b. $\frac{1}{3}$ en bicicleta y $\frac{2}{3}$ en colectivo

    c. $\frac{1}{4}$ en bicicleta y $\frac{3}{4}$ en colectivo

    d. La mitad en bicicleta y la otra mitad en colectivo.

40) Una central de seguridad vial chequea a menudo uno de tres puntos conflictivos A, B y C. La probabilidad de que un día controle el mismo lugar que el día anterior es $\frac{1}{2}$ y las probabilidades de que controle uno cualquiera de los otros dos puntos restantes son iguales. Entonces la matriz de transición del proceso es:

a. $P = \begin{pmatrix} \frac{1}{2} & \frac{1}{2} & \frac{1}{2} \\ \frac{1}{2} & \frac{1}{2} & \frac{1}{2} \\ \frac{1}{2} & \frac{1}{2} & \frac{1}{2} \end{pmatrix}$
b. $P = \begin{pmatrix} \frac{1}{2} & \frac{1}{2} \\ \frac{1}{2} & \frac{1}{2} \end{pmatrix}$

c. $P = \begin{pmatrix} \frac{1}{2} & \frac{1}{4} & \frac{1}{4} \\ \frac{1}{4} & \frac{1}{2} & \frac{1}{4} \\ \frac{1}{4} & \frac{1}{4} & \frac{1}{2} \end{pmatrix}$
d. $P = \begin{pmatrix} \frac{1}{2} & 0 & 0 \\ \frac{1}{2} & \frac{1}{2} & \frac{1}{2} \\ 0 & \frac{1}{2} & \frac{1}{2} \end{pmatrix}$

41) Una municipalidad puede contratar dos compañías para servicios de recolección de residuos: o la compañía X o la compañía Y. Los cambios de estados año a año son:

	Compañía X	Compañía Y
Compañía X	0,60	0,70
Compañía Y	0,40	0,30

Si este año se contrató la compañía X, la probabilidad de que dentro de dos años contrate la misma empresa es:

a.   0.36

b.   Ninguna de las otras opciones

c.   0.70

d.   0.64

42) En una ciudad existen dos partidos políticos, uno de derecha y otro de izquierda. Los gobernadores son elegidos por un período y se ha observado que la probabilidad de que a un gobernador de derecha suceda otro el mismo partido es $\frac{4}{5}$ y que a un intendente de izquierda siga otro de izquierda es $\frac{2}{5}$. ¿Cuál es el estado de equilibrio del sistema?

Aclaración: el orden es derecha-izquierda.

a. $x + y = 1$

b. Ninguna de las otras opciones

c. $\begin{pmatrix} \frac{3}{4} \\ \frac{1}{4} \end{pmatrix}$

d. $\begin{pmatrix} \frac{4}{5} & \frac{3}{5} \\ \frac{1}{5} & \frac{2}{5} \end{pmatrix}$

e. $\begin{pmatrix} \frac{4}{5} \\ \frac{2}{5} \end{pmatrix}$

43) La matriz de pagos de un juego de suma cero es: $(a_{ij}) =$

$$\begin{pmatrix} -3 & -2 & 6 \\ 2 & 1 & 2 \\ 5 & -2 & -4 \end{pmatrix}$$

Con esta información se puede asegurar que:

    a. $(1; 1)$ es un equilibrio de Nash.

    b. a_{i3} es la estrategia dominante del jugador columna.

    c. a_{3j} es la estrategia dominante del jugador fila.

    d. $a_{21} = 2$ es el pago que recibe el jugador fila si decide elegir la opción 2 mientras el jugador columna elije la opción 1.

44) Las dos principales cadenas de tiendas están preparando su mejor estrategia para realizar la liquidación de verano. Deben decidir qué semana del mes de marzo es la más conveniente. En la siguiente tabla se exponen las estrategias y los resultados en términos de utilidades.

	1ª semana	2ª semana	3ª semana
1ª semana	40, 40	50, 25	75, 35
2ª semana	25, 50	35, 35	45, 45
3ª semana	45, 75	45, 45	70, 70

El par de estrategias que representa un equilibrio de Nash es:

    a. Empresa fila elige 1ª semana y empresa columna 3ª.

    b. Empresa fila elige 3ª semana y empresa columna 1ª.

    c. Empresa fila elige 1ª semana y empresa columna 1ª.

    d. Empresa fila elige 3ª semana y empresa columna 3ª.

1) c
2) a
3) b
4) a
5) a
6) b
7) c
8) b
9) b
10) b
11) d
12) b
13) b
14) a
15) b
16) b
17) a
18) c
19) c
20) c
21) b
22) a
23) a
24) b
25) a
26) b
27) a
28) c
29) a
30) c
31) a
32) b
33) e
34) d
35) a
36) c
37) b
38) b

39) b
40) c
41) d
42) c
43) d
44) b

"Argumenta si cada uno de los siguientes enunciados son verdaderos o falsos"

Para lo cual te sugerimos que identifiques los datos que te aporta el enunciado, produzcas un argumento convincente empleando tu conocimiento sobre el tema y un lenguaje apropiado. Y para finalizar indiques la conclusión.

EJE TEMÁTICO: LÓGICA PROPOSICIONAL

1. El enunciado: "Algunos ciudadanos están conformes con las propuestas de los candidatos a presidente y lo van a votar"

es la negación de: "Todos los ciudadanos no están conformes con las propuestas de los candidatos a presidente y no lo van a votar".

2. El enunciado: "Si el precio de un producto en el mercado es \$5, se venden 30 unidades y el ingreso es máximo"

 es equivalente a: "El precio de un producto no es \$5, o se venden 30 unidades y el ingreso es máximo".

3. La proposición $[(p \lor q) \land q] \to q$ es equivalente a F_0

4. La forma proposicional proposición $(p \lor q) \land q$ es condición suficiente y necesaria para q

5. El enunciado: "El sistema de ecuaciones lineales AX = B tiene única solución" es equivalente al enunciado: "La matriz A no tiene inversa".

6. El enunciado: "Los ahorristas no ganaron o los especuladores perdieron"
es equivalente a: "Si los ahorristas ganaron entonces los especuladores
perdieron"

7. Siendo **P(A): A es una matriz cuadrada** y **Q(A): A tiene determinante
distinto de cero**, se puede asegurar que P(A) es condición suficiente para Q(A).

8. Es suficiente que un sistema de ecuaciones lineales sea compatible
determinado para concluir que el rango de la matriz de coeficientes del sistema
es igual al número de incógnitas.

9. Todas las soluciones óptimas de los problemas de programación lineal son
soluciones factibles básicas.

10. Si la proposición **~p $\rightarrow$ q** es falsa entonces **(p $\vee$ q) $\leftrightarrow$ (~p $\wedge$~ q)** es falsa.

11. Siendo **p(A): A es una matriz diagonal** y **q(A): A es una matriz escalar**,
p(A) es condición necesaria para q(A).

12. Sea A una matriz cuadrada de orden n, **p(A): La matriz A tiene inversa** y
q(A): La matriz A tiene rango n. Se cumple que p(A) es condición necesaria
y suficiente para q(A).

13. Siendo **p**: t $\wedge \sim$ s   y   **q:** t $\rightarrow$ s   se cumple que **p** es condición suficiente
para **q**

14. La negación de $\forall$ x $\in$ A : $P_x \rightarrow \sim Q_x$ es $\exists$ x $\in$ A / $\sim P_x \rightarrow Q_x$

15. Sabiendo que p y q son proposiciones verdaderas, el valor de verdad de la proposición   (q $\land$ t$\land\sim$ q) $\rightarrow$ ($\sim$p $\lor\sim$s $\lor$ p)   es Verdadero .

16. Si p y q son proposiciones verdaderas, se puede asegurar que el valor de verdad de la proposición   ($\sim$p $\lor$ $\sim$s$\lor$ p) $\rightarrow$ (q $\land$ t $\land\sim$ q)   es Verdadero.

17. La proposición m es condición necesaria y suficiente para n, siendo:

  m: la forma proposicional q es verdadera.

  n: la forma proposicional q $\land$ (p $\rightarrow$q) es verdadera.

18. La proposición m es condición necesaria y suficiente para n, siendo:

  m: La forma proposicional r es falsa.

  n: La forma proposicional r $\rightarrow$ (r $\land$ t) es verdadera.

19. Dado el modelo de beneficio B(x) = 3x $-$195.

Siendo p: Si se producen y venden 65 unidades el ingreso es igual al costo y

q: Si se producen y venden más de 65 unidades el beneficio es positivo entonces

p es condición suficiente para q.

20. Siendo **p: La gráfica de una función f tiene asíntota horizontal**   y

q: f(x) = 3^{x-1} entonces p es condición suficiente y necesaria para q.

21. La forma proposicional (p $\land$ q) $\lor$ (p $\land \sim$ q)   es equivalente a p.

22. La forma proposicional: (p $\rightarrow$ r) $\lor \sim$ r es una contradicción.

23. Una expresión equivalente a "Si los alumnos estudian los contenidos, aprueban el examen parcial" es "Si los alumnos no aprueban el examen parcial entonces no estudian los contenidos".

24. La proposición p es condición necesaria y suficiente para q siendo:
p: $(fog)(x) = (gof)(x) = x$ y   q: Dominio f = Conjunto Imagen de g

25. El enunciado: "Si bajan las retenciones en el mercado, se producirá más y el ingreso será máximo"
es equivalente a "No bajan las retenciones en el mercado o, se producirá más y el ingreso será máximo"

26. Sabiendo que las variables proposicionales p y q son verdaderas, se puede asegurar que la forma proposicional: $p \wedge (q \vee \sim r)$ tiene valor de verdad falso.

27. La negación de "Todo función exponencial tiene asíntota horizontal y es creciente" es "Existen funciones exponenciales que no tienen asíntotas horizontal o no son crecientes".

28. Las proposiciones $(p \rightarrow q) \rightarrow r$ y $(p \vee r) \wedge (\sim q \vee r)$ **no** son equivalentes.

29. En el modelo de presupuesto $14x + 17y = 1428$ las cantidades máximas que se pueden comprar de cada producto x e y, son 102 y 84, respectivamente.

30. Es suficiente que la proposición p sea verdadera para que la forma proposicional $[r \vee (p \vee s)] \rightarrow (p \vee q)$ sea Verdadera.

31. Los siguientes enunciados son equivalentes:

"Si el equipo gana el partido de este viernes, el equipo pasa a semifinal";

 "Si el equipo pasa a semifinal, el equipo gana el partido de este viernes".

32. La proposición $\sim(\sim q) \to \sim(\sim s \vee \sim q)$ es equivalente a $q \to (s \wedge q)$

33. Es necesario que una solución factible de un problema de programación lineal sea básica para que sea una solución factible óptima del problema.

34. La negación del enunciado "Todos los alumnos de la FCE tienen carnet de biblioteca" es: "Ningún alumno de la FCE tiene carnet de biblioteca".

EJE TEMÁTICO: ÁLGEBRA LINEAL

1. Si $X = \begin{pmatrix} -2 & 1 \\ \frac{3}{2} & -\frac{1}{2} \end{pmatrix} \begin{pmatrix} 2 \\ 0 \end{pmatrix}$ es solución del sistema AX= $\begin{pmatrix} 2 \\ 0 \end{pmatrix}$, entonces $A = \begin{pmatrix} 1 & 2 \\ 3 & 4 \end{pmatrix}$

2. **X= 2 C. (A.B – C)$^{-1}$** es la solución de la ecuación matricial **X.A.B = 2C+X.C**

3. La matriz M=$(a_{ij}) = \begin{pmatrix} 2 & 1 \\ 0 & 3 \end{pmatrix}$ cumple: $\forall a_{ij} : \ si\ i < j\ entonces\ a_{ij} = 0$

4. si A=$\begin{pmatrix} 1 & 2 & 2 \\ 6 & 5 & 2 \\ 0 & 7 & 10 \end{pmatrix}$ el sistema AX =0 tiene una única solución.

5. Si A $\in R^{3x3}$ y el rango de A = 2, se puede asegurar que el sistema **A.X = B** es incompatible.

6. La matriz A tiene inversa, siendo:

$$A = \begin{pmatrix} 1 & 2 & -1 & 0 \\ 0 & -1 & \frac{1}{2} & 3 \\ 0 & 0 & 3 & 3 \\ 0 & 0 & 1 & 1 \end{pmatrix}$$

7. Si $B = A^t$ se puede asegurar que el producto: AxB no está definido.

8. Si A y B son matrices cuadradas entonces: det $[(A . B^{-1}) .(B . A^{-1})] = 1$

9. Si $A' = \begin{pmatrix} 1 & 0 & 0 \\ 0 & 1 & 0 \end{pmatrix}$ es la matriz ampliada en forma escalonada reducida del sistema A.X = 0 entonces el sistema resulta compatible determinado.

10. El siguiente sistema es incompatible: $\begin{cases} x + 2y - z = 1 \\ 2x - y + 3z = 4 \\ 5x + 5z = 0 \end{cases}$

11. Si A es una matriz cuadrada y det (A) = 0 se puede asegurar que $X = A^{-1} B$ es la única solución del sistema de ecuaciones lineales A.X = B.

12. A es una matriz diagonal de orden 3 que cumple que $a_{ij} = i+j$ para todo $i = j$, entonces $|A| = 48$.

13. Sabiendo que A= $\begin{pmatrix} 4 & 1 \\ 0 & 2 \end{pmatrix}$; B= $(2 \quad 0)$; C= $\begin{pmatrix} 2 & 1 \\ 0 & 1 \end{pmatrix}$ verifican la ecuación: X.A – B = X.C , se puede asegurar que el elemento x_{11} de la matriz X es 1.

14. En el sistema de ecuaciones lineales dado, el rango de la matriz de coeficientes es menor que el rango de la matriz ampliada: $\begin{cases} x + z = 1 \\ y + x = 0 \\ y = z \end{cases}$

15. La matriz de coeficientes del sistema: $\begin{cases} x + z = 1 \\ y + x = 0 \\ y = z \end{cases}$ tiene inversa.

16. Si A es una matriz escalar de orden 4 que cumple que $a_{ij} = 2$ para todo $i = j$, entonces $|A| = 2^4 |A. A^{-1}|$.

17. Dadas las matrices: $A = \begin{pmatrix} 0 & -1 \\ 5 & 4 \end{pmatrix}$ $\quad B = \begin{pmatrix} -4 & 0 \\ -10 & -5 \end{pmatrix}$ y $C = \begin{pmatrix} -2 & 3 \\ 3 & -5 \end{pmatrix}$

Al resolver la ecuación: $A.X + B.X = C$, se obtiene la matriz X cuyos elementos de la diagonal principal son: -5 y -35.

18. El sistema $\begin{cases} 2x - 3y = -z + w \\ x + y = z - 2w \end{cases}$ nunca resultará incompatible.

19. $A' = \begin{pmatrix} 1 & 0 & 1 \\ 0 & 1 & 2 \\ 0 & 1 & 0 \end{pmatrix}$ es la matriz ampliada de un sistema lineal de tres ecuaciones con dos incógnitas incompatible.

20. $X = C$ es la solución de la ecuación matricial: $A^{-1} (A + X) = B B^{-1} + C$, donde A, B y C son matrices de orden n.

21. La solución de la ecuación: $A^{-1} X A + B = A$ es $X = A - B$, donde I es la matriz Identidad de la misma dimensión de A.

22. Si A y B son dos matrices de orden 2x5, la matriz que se obtiene al resolver:
$(A . B^t)^{-1}$ es de orden 2x2.

23. "Toda matriz diagonal es escalar".

24. La matriz $X = \begin{pmatrix} 2 & 0 & 1 \\ 1 & 3 & -1 \\ 2 & 3 & 1/2 \end{pmatrix}$ tiene rango 3.

25. Si, $A_{2x2} = (a_{ij}) / \forall a_{ij} : a_{ij} = i+j$ es la matriz de coeficientes del sistema de ecuaciones lineales AX=B, entonces el sistema es incompatible.

26. La matriz $A = \begin{pmatrix} 0 & 2 & -3 \\ 0 & 4 & -6 \\ 1 & 0 & 5 \end{pmatrix}$ admite matriz inversa.

27. $(x, y, z) = (2t; 0; t)$, $t \in R$ es solución del sistema homogéneo cuya matriz de coeficientes es:

$$A = \begin{pmatrix} 0 & 1 & 0 \\ -\dfrac{1}{2} & 2 & 1 \\ 3 & 0 & -6 \end{pmatrix}$$

28. El enunciado: "El sistema de ecuaciones lineales A.X = B tiene única solución", donde A es una matriz de orden n, es equivalente al enunciado: "La matriz A no tiene inversa".

29. Sean A y B matrices de orden n y $A = B + A$, entonces $|B| = 0$.

30. La matriz $B = (bij)$ de tamaño 3 x 3, donde $bij = \begin{cases} 0 & si \ i \neq j \\ -3 & si \ i = j \end{cases}$ admite inversa.

31. Siendo X, M, I matrices de orden n, I la matriz identidad:

$(XM)^{-1} = M^{-1} - I \Rightarrow X = (I - M)^{-1}$

32. Sabiendo que en el sistema de ecuaciones lineales AX=B, la matriz de coeficientes A es de orden 2x3 y la matriz ampliada correspondiente de orden 2x4, se puede asegurar que el sistema resulta compatible determinado.

33. Si A una matriz de orden 3x3 tales que $a_{ij} = \begin{cases} i+j & i < j \\ i-j & i \geq j \end{cases}$ entonces A es invertible.

34. Siendo A $= \begin{pmatrix} 1 & 1 \\ 0 & 1 \end{pmatrix}$ y B $= \begin{pmatrix} 7 & -3 \\ 8 & -3 \end{pmatrix}$, la matriz que verifica $A.X.A^{-1} = B$ es: X $= \begin{pmatrix} -1 & -1 \\ 8 & 5 \end{pmatrix}$.

35. La matriz: $A = \begin{pmatrix} 1 & 4 \\ -2 & 1 \end{pmatrix}$ cumple por lo menos dos enunciados del teorema integrador de algebra lineal.

36. En el sistema $\begin{cases} 2x_1 + 3x_2 - x_3 = 0 \\ x_1 + x_2 + x_3 = 0 \\ 3x_1 + 4x_2 = 0 \end{cases}$ el rango de la matriz ampliada es mayor que el de la matriz de coeficientes.

37. Dado un sistema homogéneo de n ecuaciones lineales con n incógnitas, si el determinante de la matriz de coeficientes es cero, el sistema tiene solución trivial.

38. La matriz A de orden 3, $A = (a_{ij}) = \begin{cases} 1 & si & i \geq j \\ 0 & si & i < j \end{cases}$ tiene rango 3.

39. La matriz $X = \begin{pmatrix} 2 & 8 \\ 1/2 & -2 \\ 3 & -5 \\ 10 & -40 \end{pmatrix}$ tiene rango 4.

EJE TEMÁTICO: FUNCIONES Y MODELOS ECONÓMICOS

1. Si $f(x) = \frac{x-1}{x}$ y $g(x) = \ln(x-3)$, el dominio de la función $(f+g)(x)$ es $R - \{1, 3, 0\}$

2. Las gráficas de las funciones $f(x) = 2^x + 2$ y $g(x) = \log_2(x-2)$ son simétricas respecto a la recta $y = x$.

3. Teniendo en cuenta que, los modelos de oferta y demanda de cierta marca de auriculares inalámbricos bluetooth son:

$$p(q) = -0.0025q^2 - 0.5q + 60 \quad y \quad p(q) = 0.02q^2 + 0.6q + 20$$

donde q representa la cantidad de unidades y p el precio unitario del producto. Es posible asegurar que cuando el precio es de 40 u.m. se produce exceso de oferta.

4. El conjunto imagen de la función $f(x) = \begin{cases} \frac{1}{3}x - 1 & si & -3 \leq x \leq 0 \\ x^2 & si & 0 < x \leq 3 \end{cases}$ es el intervalo [-3, 3].

5. Si $f(x) = \log_2 x$ entonces se puede asegurar que la gráfica de $y = f(x) + 2$ posee una asíntota vertical en $x = 2$.

6. La función $f(x) = \begin{cases} \left(\dfrac{1}{2}\right)^x & si \quad x \geq 0 \\ -\dfrac{1}{x} & si \quad x < 0 \end{cases}$ es inyectiva.

7. Dada la siguiente gráfica de la función f.

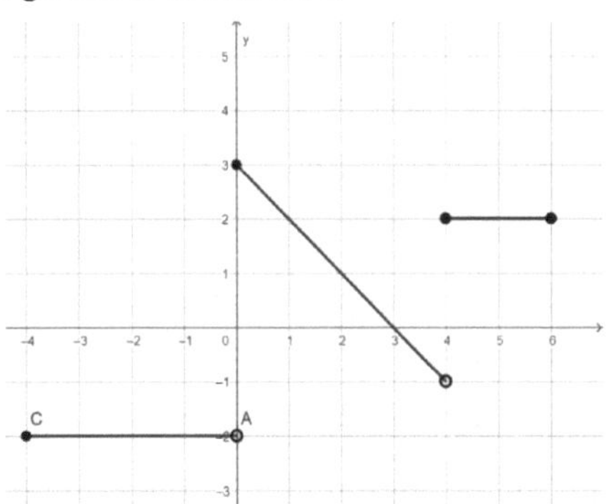

Su expresión analítica es:

$$f(x) = \begin{cases} -2 & -4 \leq x < 0 \\ 2 & 0 \leq x < 4 \\ -x + 3 & 4 \leq x \leq 6 \end{cases}$$

8. La función inversa de $f(x) = \log_3(x - 4)$ es $g(x) = 3^x + 4$.

9. Si la función $C(x) = x^2 - 20x + 6000$ describe el costo de producción de cierto producto expresado en pesos y x representa el número de artículos producidos entonces para que el costo sea \$18000 se deben producir 1200 unidades.

10. Si $f(x) = x^3 + 1$ y $g(x) = x+3$ entonces $(g \circ f)(2) = 126$.

11. El dominio de $f(x, y) = \log(x + 3) + y^2$ es $Df = \{(x, y) \in \Re^2 / x > 3\}$.

12. Sea la función $D(x) = -2x + 30$ el modelo de demanda de un producto en el mercado, siendo x la cantidad que los consumidores están dispuestos a adquirir

a un determinado precio en $. Si $10 es el precio a partir del cual el fabricante ofrece dicho producto y $20 el precio de equilibrio, se puede asegurar que cuando el precio es $18 la cantidad demanda es el triple de la ofrecida.

13. El dominio de la función inversa de $f(x) = \dfrac{x}{x+1}$ es $R - \{0\}$

14. El conjunto imagen de la función $f(x) = \begin{cases} 3^x & si \ x \leq 3 \\ \dfrac{2}{x-3} & si \ x > 3 \end{cases}$ es R.

15. El modelo: $y = 800 - \dfrac{8}{11}x$ representa las combinaciones de cantidades posibles que se pueden adquirir de dos productos con un presupuesto de $8800, siendo x e y las cantidades de dichos productos. Entonces los precios unitarios de cada producto son $8 y $11, respectivamente.

16. Si fog = x y f(x) = log (x+2), la función g está definida como: y = g(x) = log (x–2).

17. $Df = \{(x, y) \in R^2 : y < 2x \}$ es el dominio de la función $f(x, y) = \dfrac{log \ (2x - y)}{x^2 + 1}$

18. La siguiente gráfica corresponde a la función: **y = f(x) = ln (x – 4)**

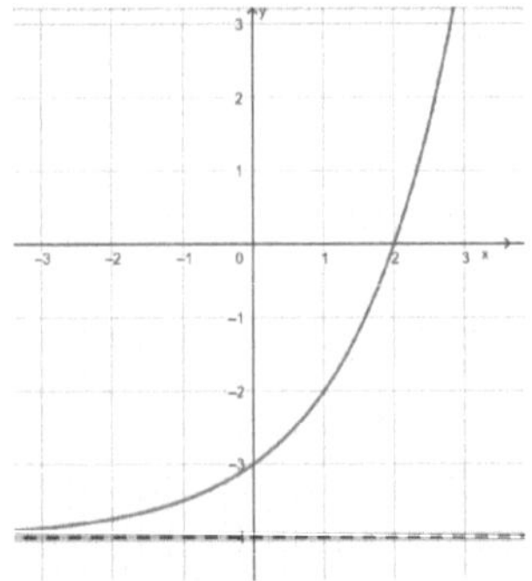

19. Si los modelos de oferta y demanda de un producto en el mercado son

$$p = -\frac{1}{180}q + 12 \quad y \quad p = \frac{1}{300}q + 8$$

respectivamente, donde q indica cantidad del producto y p precio unitario del producto entonces cuando p = \$9,5 se alcanza equilibrio en el mercado.

20. Si los modelos de costo e ingreso de un producto en el mercado son:

$$C(x) = 4x + 12000 \quad e \quad I(x) = 10x$$

donde x es la cantidad producida y vendida de un producto, entonces se deben producir más de 2000 unidades para obtener ganancias.

21. La grafica de $f(x) = -|x - 4|$ se obtiene a partir de la grafica de $g(x) = |x|$ desplazando esta última 4 unidades sobre el eje de abscisas hacia la derecha y reflejándola sobre el eje de ordenadas.

22. Si $h(x) = \frac{x}{x+1}$ y $(hot)(x) = x$, se puede asegurar que $t(x) = \frac{x}{1-x}$.

23. Si la gráfica de la función Beneficio y = B(x) corta al eje de abscisas en x = 20 entonces B(0) = 20.

24. En el modelo de presupuesto P(x , y) = 12 x + 20 y = 300, 12 y 20 representan las cantidades máximas que se pueden adquirir de cada uno de los dos productos.

25. La representación gráfica del dominio de la función f(x, y) =ln (y − x − 2) es:

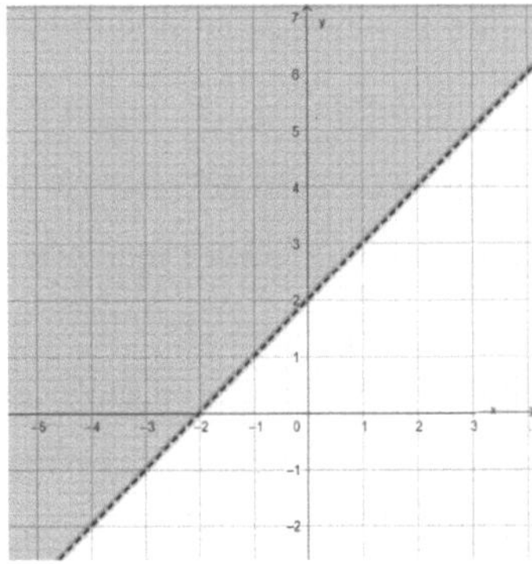

26. Todas las funciones logarítmicas poseen asíntota horizontal.

27. La siguiente representación gráfica corresponde a un modelo de Costo-Ingreso

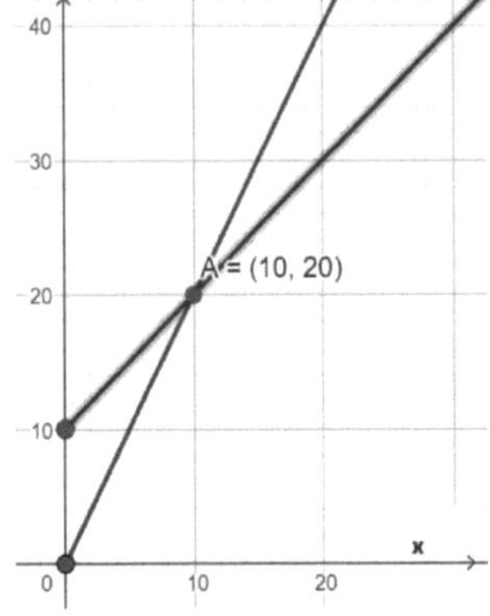

La información aportada por el gráfico nos permite asegurar que el modelo de Beneficio es: B(x) = x − 10.

28. Si a partir del modelo de presupuesto P(x , y) = 3x + 2y = 30 se produce un aumento del 10% en el presupuesto, la línea de presupuesto P se desplaza en forma paralela a la dada de modo que la ordenada al origen es $33.

29. Si y = f(x) es una función entonces la gráfica de y = g(x) = ½ . f(x - 2) se obtiene desplazando la gráfica de f dos unidades hacia la derecha y acortándola un factor ½ en dirección vertical.

30. El Conjunto Imagen de la función representada en el siguiente grafico es [-4, 3]

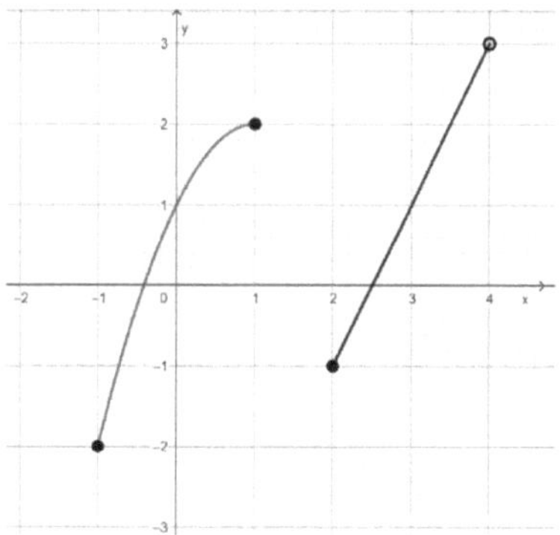

31. Un empresario necesita anticipar el ingreso máximo que obtendría por la venta de su producto, para lo cual se conoce que la demanda de dicho producto

es: $$p(q) = - \frac{3}{2}. q + 900$$

 donde p es el precio unitario del bien, en $, cuando se demandan q unidades. Con esta información se puede asegurar que el ingreso máximo es $900.

32. Si la función f(x) = 1,02^x representa los intereses que genera determinado capital a medida que transcurre el tiempo, cuando se lo afecta a una operación

bancaria, entonces la función que permite calcular el tiempo en función de los intereses generados es la función inversa $\quad f^{-1}(x) = log_{1,02}x$

33. Df = $\{(x, y) \in R^2: y < 2x\}$ es el dominio de la función f(x, y) = log (2x –y).

34. La gráfica de la función y = log (x-1)   presenta una asíntota vertical y ningún cero.

35. Sabiendo que el modelo de ingreso en función de la demanda es:

I(q) = 24q – 2q^2   donde q es la cantidad demandada de un producto, se puede asegurar que cuando el precio del producto en el mercado es de 12 u.m. el ingreso es máximo.

36. El punto de coordenadas (1,–3,1) pertenece a la gráfica de f(x, y) = x + y +3

37. Un modelo de presupuesto es: **P(x , y) = 100x + 400y =10000**

 donde x e y representan las cantidades de los productos A y B que es posible adquirir, respectivamente. Si el presupuesto disminuye un 10 % entonces la cantidad máxima que se puede adquirir de B es ahora 360 unidades.

38. En una ciudad se realiza un estudio de mercado sobre el comportamiento de la oferta y la demanda de un determinado artículo, los resultados obtenidos quedaron caracterizados por las siguientes funciones:

$$p = f(q) = \frac{q}{40} + 10 \quad y \quad p = g(q) = \frac{8000}{q}$$

 donde q es cantidad producida del artículo y p es el precio. Entonces el equilibrio de mercado se obtiene fabricando 400 unidades del artículo a un precio de \$20 y el precio mínimo de oferta es \$10.

39. Si $f(x) = \dfrac{2x-1}{2x+1}$ es la inversa de una función g, entonces el dominio de g es el conjunto $R - \{-1/2\}$.

40. Sabiendo que la función demanda para el producto de un fabricante es:
p (q) = 1000 - 2q   donde p es el precio por unidad cuando existe una demanda semanal q por parte de los consumidores, se puede asegurar que el nivel de producción que maximiza los ingresos en función de la demanda, es 125000 unidades monetarias.

41. El modelo de oferta y demanda dado por las funciones: **y = 2x + 2**   e
y = − 3.x² + 12   tiene dos puntos de equilibrio.

42. Si B(x) = 5x − 185 es un modelo de beneficio, se puede asegurar que si se producen y venden 40 unidades el ingreso es mayor que el costo de producción.

43. Si f y g son dos funciones cuyas expresiones analíticas son: f(x) = 10x − 2 y   g(x) = x + 2, entonces (gof)(x) = 10x y el dominio de gof es R.

44. Una fotocopiadora vende cada copia a \$0,75 si la cantidad solicitada es como máximo 10 copias y \$0,50 si la cantidad es superior a 10 copias. El modelo que permite calcular el precio de un número determinado de fotocopias es: **P = f(x) = 7,5 + 0,50 x**
siendo x cantidad de copias y P el valor a pagar por x copias.

45. Sabiendo que f(20) = 100 indica que 20 empleados producen 100 unidades de un producto por día y g(100) = 15000 es el ingreso que se obtiene por la venta de las 100 unidades fabricadas, se puede asegurar que (gof)(20)= 15000 indica el ingreso que genera el trabajo de 20 empleados por día.

EJE TEMÁTICO: LÓGICA PROPOSICIONAL

1. La negación de "Algunos ciudadanos están conformes con las propuestas de los candidatos a presidente y lo van a votar" es "Todos los ciudadanos no están conformes con las propuestas de los candidatos a presidente o no lo van a votar". Luego, el enunciado es falso.

2. La expresión "Si el precio de un producto en el mercado es \$5, se venden 30 unidades y el ingreso es máximo" puede escribirse en forma simbólica así: p $\rightarrow$ (q $\wedge$ r) siendo p: el precio de un producto en el mercado es \$5, q: se venden 30 unidades y r: el ingreso es máximo. Esta expresión es equivalente a $\sim$ p $\vee$ (q $\wedge$ r) , que en forma coloquial dice "El precio de un producto no es \$5, o se venden 30 unidades y el ingreso es máximo". Luego, el enunciado es verdadero.

3. La proposición $[(p \vee q) \wedge q] \rightarrow q$ es equivalente a $\sim [(p \vee q) \wedge q] \vee q \equiv$
$\equiv [\sim(p \vee q) \vee \sim q] \vee q \equiv [(\sim p \wedge \sim q) \vee \sim q] \vee q \equiv (\sim p \wedge \sim q) \vee \sim q \vee q \equiv T_0$
Luego, el enunciado es falso.

4. Si la proposición $(p \vee q) \wedge q$ es verdadera resultan $(p \vee q)$ verdadera y q verdadera, por lo tanto q es verdadera, entonces $(p \vee q) \wedge q$ es condición suficiente para q.
Si la proposición q es verdadera entonces $p \vee q$ es verdadera entonces $(p \vee q)$ $\wedge$ q es verdadera, por lo tanto q es condición suficiente para $(p \vee q) \wedge q$.
Luego, $(p \vee q) \wedge q$ es condición necesaria y suficiente para q.
Luego, el enunciado es verdadero.

5. Si el sistema de ecuaciones lineales AX=B tiene única solución entonces la matriz A de coeficientes tiene inversa por teorema integrador de Algebra lineal. Luego, el enunciado es falso.

6. La expresión "Los ahorristas no ganaron o los especuladores perdieron" puede escribirse en forma simbólica así: $\sim p \vee q$, siendo p: los ahorristas ganaron y q: los especuladores perdieron.
Como $\sim p \vee q \equiv p \rightarrow q$, que en forma coloquial dice "Si los ahorristas ganaron entonces los especuladores perdieron" resultan las proposiciones dadas equivalentes.
Luego, el enunciado es verdadero.

7. Sabemos que A es una matriz cuadrada, no es posible asegurar que su determinante sea distinto de cero: Contrajemplo $A = \begin{pmatrix} 4 & 2 \\ 2 & 1 \end{pmatrix}$ es cuadrada y $\det(A) = 0$
Por lo tanto P(A) no es suficiente para asegurar Q(A)
Luego, el enunciado es falso.

8. Si un sistema de ecuaciones lineales es compatible determinado entonces el rango de la matriz de coeficientes del sistema es igual al número de incógnitas por Teorema Integrador de Algebra Lineal.
Luego, el enunciado es verdadero.

9. Si una solución de un problema de programación lineal es óptima no implica que sea básica, puedes ser óptima y no básica.
Luego, el enunciado es falso.

10. Si ~p → q es falsa entonces ~p es verdadera y q es falsa entonces p es
falsa y q es falsa entonces (p ∨ q) es falsa y   (~p ∧~ q) es verdadero entonces
(p ∨ q) ↔ (~p ∧~ q) es falsa.
Luego, el enunciado es verdadero.

11. Es necesario que una matriz A sea diagonal para que sea una matriz escalar,
por definición de matriz escalar.
Luego, el enunciado es verdadero.

12. Por Teorema Integrador p(A) y q(A) son equivalentes, por lo tanto p(A) es
condición necesaria y suficiente para q(A).
Luego, el enunciado es verdadero.

13. Si t ∧ ~ s es verdadero entonces t es verdadero y ~ s es verdadero entonces
s es falso entonces t→ s   es falso. Luego, p no es condición suficiente para q.
Luego, el enunciado es falso.

14.~ [∀ x ∈ A : P_x→ ~ Q_x] ≡ ∃ x ∈ A / P_x ∧ Q_x
Luego, el enunciado es falso.

15. Como p y q son proposiciones verdaderas la proposición (q ∧ t ∧ ~ q) es
falsa y como es el antecedente de un condicional, este resulta verdadero.
Luego, el enunciado es verdadero.

16. Siendo p y q proposiciones verdaderas resulta (~p ∨ ~s ∨ p) verdadera y
(q ∧ t ∧ ~ q) falsa. Entonces como el antecedente del condicional es
verdadero y el consecuente es falso resulta falso el condicional.
Luego, el enunciado es falso.

17. Si q es verdadera entonces p $\rightarrow$ q es verdadera entonces q $\wedge$ (p $\rightarrow$q) es verdadera entonces m es condición suficiente para n.

Además, si q $\wedge$ (p $\rightarrow$ q) es verdadera entonces q es verdadera y p $\rightarrow$ q es verdadera y n es condición suficiente para m o en forma análoga m es condición necesaria para n.

Luego, el enunciado es verdadero.

18. Si r es falsa entonces r $\rightarrow$ (r $\wedge$ t) es verdadera entonces m es condición suficiente para n. Por otra parte, si r $\rightarrow$ (r $\wedge$ t) es verdadera entonces puede suceder que el antecedente y el consecuente sean verdaderos entonces n no es condición suficiente para m.

Luego, el enunciado es falso.

19. Si se producen y venden 65 unidades el ingreso es igual al costo entonces a partir de x > 65 el ingreso es mayor al costo entonces el beneficio es positivo y luego p es condición suficiente para q.

Luego, el enunciado es verdadero.

20. Si la gráfica de una función f tiene asíntota horizontal no implica que la función tenga como expresión analítica y = f(x) = 3^{x-1} pues podría se f(x) = 1/x también, por lo tanto p no es condición suficiente para q.

Luego, el enunciado es falso.

21. $(p \wedge q) \vee (p \wedge \sim q) \equiv p \wedge (q \vee \sim q) \equiv p \wedge T_0 \equiv p$

Luego, el enunciado es verdadero

22. $(p \rightarrow r) \vee \sim r \equiv (\sim p \vee r) \vee \sim r \equiv \sim p \vee r \vee \sim r \equiv \sim p \vee T_0 \equiv T_0$

Luego, el enunciado es falso

23. El enunciado es verdadero, puesto que la expresión "Si los alumnos no aprueban el examen entonces no estudian los contenidos" es el contrarrecíproco de la expresión dada.

24. Si p es verdadera entonces se cumple que (fog)(x) = (gof)(x)= x de modo que $f = g^{-1}$ y la Im g es igual al Dom f entonces p es condición suficiente para q.

Por otra parte, si q es verdadera entonces Dominio f = Conjunto Imagen de g pero no implica que al hacer la composición resulte igual a la función identidad.

Contraejemplo: Sean f(x) = 2x   y   g(x) = 4x. Dom f = Im g pero (fog)(x) $\neq$ (gof)(x) $\neq$ x

Luego, p es condición suficiente para q.

Luego, el enunciado es falso.

25. El enunciado "Si bajan las retenciones en el mercado, se producirá más y el ingreso será máximo" puede expresarse en forma simbólica como p $\rightarrow$ (q $\wedge$ r) siendo p: bajan las retenciones en el mercado, q: se producirá más y r : el ingreso será máximo.

Una forma equivalente es $\sim$ p $\vee$ (q $\wedge$ r) que, en forma coloquial expresa, "No bajan las retenciones en el mercado o, se producirá más y el ingreso será máximo".

Luego, el enunciado es verdadero.

26. Si p y q son verdaderas entonces p es verdadera y   q $\vee$ $\sim$ r es verdadera entonces p $\wedge$ (q $\vee$ $\sim$ r) es verdadera.

Luego, el enunciado es falso.

27. La proposición "Toda función exponencial tiene asíntota horizontal y es creciente" podemos expresarla en forma simbólica como $\forall x \in A : p_x \wedge q_x$ siendo x es una función, A es el conjunto de las funciones exponenciales, p_x: x tiene asíntota horizontal y q_x: x es creciente.

La negación es: $\sim [\forall x \in A : p_x \wedge q_x] \equiv \exists x \in A / \sim p_x \vee \sim q_x$

Que en forma coloquial expresa: "Existen funciones exponenciales que no tienen asíntotas horizontal o no son crecientes"

Luego, el enunciado es verdadero.

28. $(p \rightarrow q) \rightarrow r \equiv \sim (\sim p \vee q) \vee r \equiv (p \wedge \sim q) \vee r \equiv (p \vee r) \wedge (\sim q \vee r)$.

Luego, el enunciado es falso.

29. Para hallar las cantidades máximas que se pueden comprar de cada producto debemos hacer cero una de las variables y luego halla el valor de la otra.

Si x = 0 entonces y = 84 y si y = 0 entonces x = 102.

Luego, el enunciado es verdadero.

30. Si p es verdadera entonces $r \vee (p \vee s)$ es verdadera y $(p \vee q)$ es verdadera entonces el condicional es verdadero.

Luego, el enunciado es verdadero.

31. El enunciado "Si el equipo gana el partido de este viernes, el equipo pasa a semifinal" se puede expresar en forma simbólica como $p \rightarrow q$, siendo p: el equipo gana el partido de este viernes y q: el equipo pasa a semifinal y la expresión   "Si el equipo pasa a semifinal, el equipo gana el partido de este viernes" se puede expresar como $q \rightarrow p$.

Los condicionales $p \rightarrow q$ y $q \rightarrow p$ no son equivalentes.

Luego, el enunciado es falso.

32. La proposición $\sim(\sim q) \to \sim(\sim s \vee \sim q) \equiv q \to (s \wedge q)$ (por Ley de De Morgan y doble negación)

33. Si una solución de un problema de programación lineal de máximo es factible óptima no implica que sea básica.

Luego, el enunciado es falso.

34. La expresión "Todos los alumnos de la FCE tienen carnet de biblioteca" puede expresarse como $\forall x \in A : p_x$ siendo A= {x/x es alumno de la FCE} y p_x: x tiene carnet de biblioteca.

La negación de $\forall x \in A : p_x$ es $\sim [\forall x \in A : p_x] \equiv \exists x \in A / \sim p_x$

Que puede expresarse: Existe al menos un alumno de la FCE que no tiene carnet de biblioteca.

Luego, el enunciado es falso.

EJE TEMÁTICO: ÁLGEBRA LINEAL Y APLICACIONES

1. El enunciado es verdadero pues: $AX = \begin{pmatrix} 2 \\ 0 \end{pmatrix} \Rightarrow X = A^{-1} \begin{pmatrix} 2 \\ 0 \end{pmatrix}$. Hallando A^{-1} se

obtiene: $A^{-1} = \begin{pmatrix} -2 & 1 \\ \frac{3}{2} & -\frac{1}{2} \end{pmatrix}$

2. El enunciado es verdadero, se argumenta resolviendo la ecuación: **X.A.B = 2C + X. C $\Rightarrow$ X.A.B -X.C = 2.C $\Rightarrow$ X.(A.B − C) = 2.C $\Rightarrow$ X = 2.C.(A.B - C)$^{-1}$**

3. El enunciado es falso pues para i<j; $a_{ij} = a_{12} = 1 \neq 0$

4. El enunciado es falso pues $|A| = (50 + 84 + 0) - (0 + 14 + 120) = 0$ y por el teorema integrador el sistema homogéneo $A.X = 0$ no tiene solución única.

5. El enunciado es falso pues con los datos dados no se puede asegurar que el sistema es incompatible, pues en el caso que si r(A)= 2 < 3 y r(A`)=2 < 3 el sistema es indeterminado (siendo A´ la matriz ampliada del sistema)

6. El enunciado es falso pues para que la matriz tenga inversa su rango debe ser 4 y en este caso el rango es 3 pues aplicando operaciones elementales obtiene:

$$A = \begin{pmatrix} 1 & 2 & -1 & 0 \\ 0 & -1 & \frac{1}{2} & 3 \\ 0 & 0 & 1 & 1 \\ 0 & 0 & 0 & 0 \end{pmatrix}$$

7. El enunciado es falso pues para A de orden nxm , $B = A^t$ sería una matriz de orden mxn   entonces $AxB = A A^t$ es orden nxn y se cumple que el número de columnas de A coincide con el número de filas de B y el producto de AxB está definido cualquiera sea n y m.

8. El enunciado es Verdadero pues: $\det [(A . B^{-1}) .(B . A^{-1})] = \det [A . (B^{-1} .B). A^{-1}] = \det [A . I. A^{-1}] = \det [A . A^{-1}] = \det [I] = 1$

9. El enunciado es Verdadero pues rango A = rango A´= 2, el número de incógnitas es 2 por lo tanto la única solución es (0; 0).

10. El enunciado es Verdadero porque el rango de la matriz coeficiente es 2 y el de la matriz ampliada es 3.

11. El enunciado es falso pues si det(A) = 0, la matriz A no tiene inversa y por lo tanto no es posible obtener como solución única del sistema AX= B como X = A^{-1} B

12. El enunciado es verdadero pues $A = \begin{pmatrix} 2 & 0 & 0 \\ 0 & 4 & 0 \\ 0 & 0 & 6 \end{pmatrix}$ y det $(A) = 48$

13. El enunciado es Verdadero porque al resolver la ecuación: $XA - B = XC$

$\Rightarrow XA - XC = B \Rightarrow X(A-C) = B \Rightarrow X = B(A-C)^{-1} = (2 \quad 0) \begin{pmatrix} 2 & 0 \\ 0 & 1 \end{pmatrix}^{-1} =$

$(2 \quad 0) \begin{pmatrix} 1/2 & 0 \\ 0 & 1 \end{pmatrix} = (1 \quad 0)$ donde $x_{11} = 1$

14. El enunciado es Verdadero pues en la forma Gauss de la matriz ampliada

del sistema: $\begin{pmatrix} 1 & 0 & 1 & 1 \\ 0 & 1 & -1 & -1 \\ 0 & 0 & 0 & -1 \end{pmatrix}$ se observa que el rango de la matriz de

coeficientes es 2 y el rango de la matriz ampliada es 3 y $2 < 3$.

15. El enunciado es falso pues el rango de la matriz coeficiente es $2 < 3$ y por lo tanto dicha matriz no tiene inversa por teorema del rango e integrador de Algebra lineal.

16. El enunciado es verdadero pues $A = \begin{pmatrix} 2 & 0 & 0 & 0 \\ 0 & 2 & 0 & 0 \\ 0 & 0 & 2 & 0 \\ 0 & 0 & 0 & 2 \end{pmatrix}$ y por lo tanto $|A|$

$= 16 = 16 \cdot 1 = 16 |I| = 2^4 |A \cdot A^{-1}|$, siendo $AA^{-1} = I$ la matriz identidad de orden 4.

17. El enunciado es verdadero pues al resolver la ecuación $AX + BX = C$, se obtiene $X = (A+B)^{-1}C$

$$X = \begin{pmatrix} -4 & -1 \\ -5 & -1 \end{pmatrix}^{-1} \begin{pmatrix} -2 & 3 \\ 3 & -5 \end{pmatrix} = \begin{pmatrix} 1 & -1 \\ -5 & 4 \end{pmatrix} \begin{pmatrix} -2 & 3 \\ 3 & -5 \end{pmatrix} = \begin{pmatrix} -5 & 8 \\ 22 & -35 \end{pmatrix}$$

donde se observa que los elementos de la diagonal principal son -5 y -35

18. El enunciado es verdadero dado que el sistema dado es homogéneo y este tipo de sistema siempre es compatible y en este caso como tiene más incógnitas que ecuaciones es compatible indeterminado.

19. El enunciado es Verdadero pues aplicando operaciones elementales se obtiene: $\begin{pmatrix} 1 & 0 & 1 \\ 0 & 1 & 2 \\ 0 & 0 & -2 \end{pmatrix}$ y se observa que el Rango de la matriz de coeficientes es 2 y el rango de la matriz de la matriz ampliada es 3. Como $r(A) \neq r(A')$ el sistema es incompatible.

20. El enunciado es Falso, se argumenta resolviendo la ecuación: $A^{-1}(A+X) = B B^{-1}+C \Rightarrow A^{-1}A + A^{-1}X = I+C \Rightarrow I + A^{-1}X = I+C \Rightarrow A^{-1}X = C \Rightarrow X = AC$ es solución de la ecuación, I es la matriz identidad de orden n.

21. El enunciado es falso, al resolver la ecuación se obtiene: $A^{-1} X A + B = A \Rightarrow A^{-1} X A = A - B \Rightarrow X A = A(A-B) \Rightarrow X = A(A-B) A^{-1} \neq A-B$

22. El enunciado es verdadero, pues $A_{2x5} \cdot B^{t}{}_{5x2} = C_{2x2}$ y $C^{-1}{}_{2x2}$

23. El enunciado es falso, pues por ejemplo la matriz: $\begin{pmatrix} 1 & 0 & 0 \\ 0 & 3 & 0 \\ 0 & 0 & 5 \end{pmatrix}$ es diagonal y no es escalar, dado que los elementos de la diagonal principal no son iguales.

24. El enunciado es verdadero dado que det $(X) = 6 \neq 0$ y por el teorema integrador de Álgebra lineal, el $r(X) = 3$

25. El enunciado es Falso pues $A = \begin{pmatrix} 2 & 3 \\ 3 & 4 \end{pmatrix}$ y det (A) = -1 $\neq$ 0 por lo que el sistema resulta compatible determinado.

26. El enunciado es Falso pues det (A) = 0, situación que asegura que no admite inversa por teorema Integrador de Algebra Lineal.

27. El enunciado es Verdadero pues:

La forma escalonada de A es $\begin{pmatrix} 1 & 0 & -2 \\ 0 & 1 & 0 \\ 0 & 0 & 0 \end{pmatrix}$ de donde, siendo x, y, z son las variables del sistema:

El sistema equivalente es $\begin{cases} x - 2z = 0 \\ y = 0 \end{cases}$

De donde x = 2z, y = 0, luego si z= t $\in R$ se deduce que (x,y,z) = (2t,0,t)

28. El enunciado es Falso pues si el sistema AX=B tiene única solución ella es: X=A^{-1}B y por lo tanto debe existir A^{-1}

29. El enunciado resulta verdadero pues si A = B + A entonces B = N , donde N es la matriz nula de orden n y por tanto $|B| = 0$

30. El enunciado es Verdadero pues, B = $\begin{pmatrix} -3 & 0 & 0 \\ 0 & -3 & 0 \\ 0 & 0 & -3 \end{pmatrix}$ y det(B) = -27 $\neq$ 0

por lo tanto B admite inversa.

31. El enunciado es verdadero. Al resolver la ecuación: $(XM)^{-1} = M^{-1} - I \Rightarrow$
$M^{-1} X^{-1} = M^{-1} - I$ premultiplicando ambos miembros por M: $M(M^{-1} X^{-1}) =$
$M(M^{-1} - I) \Rightarrow (MM^{-1})X^{-1} = MM^{-1} - MI \Rightarrow IX^{-1} = I-M \Rightarrow X^{-1} = I-M \Rightarrow X = (I- M)^{-1}$

32. El enunciado es falso, al tener el sistema más incógnitas que ecuaciones el sistema nunca resulta compatible determinado.

Puede pasar:

*r(A) = r(A′) < n (número de incógnitas) entonces el sistema es compatible indeterminado

* r(A) ≠ r(A′) el sistema resulta incompatible.

33. El enunciado es verdadero pues $A = \begin{pmatrix} 0 & 3 & 4 \\ 1 & 0 & 5 \\ 2 & 1 & 0 \end{pmatrix}$ y det (A)= 34 ≠ 0 A admite

inversa

34. El enunciado es verdadero pues $AXA^{-1} = B \Rightarrow A^{-1}AXA^{-1}A = A^{-1}BA$

$\Rightarrow X = A^{-1}BA$

$$X = \begin{pmatrix} 1 & 1 \\ 0 & 1 \end{pmatrix}^{-1} \begin{pmatrix} 7 & -3 \\ 8 & -3 \end{pmatrix} \begin{pmatrix} 1 & 1 \\ 0 & 1 \end{pmatrix} = \begin{pmatrix} -1 & -1 \\ 8 & 5 \end{pmatrix}$$

35. El enunciado es verdadero pues, det(A) = 9 ≠ 0   y la forma escalonada reducida de A es: $\begin{pmatrix} 1 & 0 \\ 0 & 1 \end{pmatrix}$

36. El enunciado es falso porque el sistema dado es homogéneo y los rango de la matriz coeficiente y ampliada siempre son iguales. Los sistemas homogéneos nunca resulta incompatible.

37. El enunciado es falso pues si det(A) = 0 el sistema resulta compatible indeterminado y por la tanto el sistema no tiene solución trivial.

38. El enunciado es Verdadero pues $A = \begin{pmatrix} 1 & 0 & 0 \\ 1 & 1 & 0 \\ 1 & 1 & 1 \end{pmatrix}$ y su forma escalonada

reducida es $\begin{pmatrix} 1 & 0 & 0 \\ 0 & 1 & 0 \\ 0 & 0 & 1 \end{pmatrix}$ donde se observa que el rango es 3.

39. El enunciado es falso pues la forma escalonada reducida de X es $\begin{pmatrix} 1 & 0 \\ 0 & 1 \\ 0 & 0 \\ 0 & 0 \end{pmatrix}$

y se observa que el rango es 2.

EJE TEMÁTICO: FUNCIONES Y MODELOS

1. Enunciado falso.

Justificación

$D_f = R - \{0\}$, $D_g = (3 , +\infty)$

$D_{f+g} = D_f \cap D_g = (3 , +\infty)$

2. Enunciado verdadero.

Justificación

$y = f(x) = 2^x + 2 \longrightarrow y - 2 = 2^x \longrightarrow \log_2(y - 2) = x \longrightarrow y = f^{-1}(x) = \log_2(x - 2)$

$= g(x)$ son funciones inversas entonces son simétricas respecto a la recta $y = x$..

3. Enunciado falso.

Justificación

$q_o = 20$, $q_d \cong 34,16$, luego hay exceso de demanda.

4. Enunciado falso.

Justificación

$CIf = [-2, -1] \cup (0 , 9]$ obtenido al hallar la imagen de cada tramo.

5. Enunciado falso.

Justificación

Si el desplazamiento es vertical, la ecuación de la asíntota no varía. Luego, la gráfica de y = f(x) +2 posee una asíntota vertical en x = 0.

6. Enunciado falso.

Justificación

f(0) = f(-1) = 1 elementos distintos del dominio tienen la misma imagen, por esa razón no es inyectiva.

7. Enunciado falso.

Justificación

La expresión analítica de la función graficada es:
$$f(x) = \begin{cases} -2 & si \ -4 \leq x < 0 \\ 3 - x & si \ \ 0 \leq x < 4 \\ 2 & si \ \ 4 \leq x \leq 6 \end{cases}$$

8. Enunciado verdadero.

Justificación

$y = \log_3(x - 4) \ \longrightarrow \ 3^y = x - 4 \ \longrightarrow \ x = 3^y + 4$

Luego, haciendo el cambio de nombre de las variables resulta $y = g(x) = 3^x + 4$

9. Enunciado falso.

Justificación

$C(x) = 18000 = x^2 - 20x + 6000 \ \longrightarrow \ x = 120$

Luego para que el costo sea $18000 se deben producir 120 unidades.

10.Enunciado falso.

Justificación

$(gof)\,(2) = g(9) = 12$

11. Enunciado falso.

Justificación

El dominio de la función f es $Df = \{(x, y) \in \Re^2 /\ x > -3\}$ pues $x + 3 > 0$.

12. Enunciado falso.

Justificación

Siendo (5, 20) el punto de equilibrio luego los puntos (0, 10) y (5, 20) pertenecen a la gráfica de la función de oferta.

Expresión analítica de la función oferta $O(x) = 2x + 10$.

Si $p = 18$ entonces $18 = 2x + 10 \longrightarrow x_o = 4$ y $18 = 30 - 2x \longrightarrow x_d = 6$

6 no es el triple de 4.

13. Enunciado falso.

Justificación

$f: R - \{-1\} \longrightarrow R - \{1\}$ por lo tanto $f^{-1}: R - \{1\} \longrightarrow R - \{-1\}$ siendo Dom f^{-1} $= R - \{1\}$.

14. Enunciado falso.

Justificación

$CIf = (0, 27] \cup (0 , +\infty) = (0 , +\infty)$

15. Enunciado es verdadero.

Justificación

$y = 800 - \dfrac{8}{11}\, x \longrightarrow 8x + 11y = 8800$

Luego los precios unitarios son \$8 y \$11 respectivamente.

16.Enunciado falso.

Justificación

$(f \circ g)(x) = x \;\longrightarrow\; f[g(x)] = x \;\longrightarrow\; \log[g(x) + 2] = x \;\longrightarrow\; 10^x = g(x) + 2 \;\longrightarrow$
$g(x) = 10^x - 2$.

17.Enunciado verdadero.

Justificación

$2x - y > 0 \;\longrightarrow\; y < 2x$

18. Enunciado falso.

La función $y = f(x) = \ln(x - 4)$ tiene asíntota vertical en $x = 4$ y no horizontal como muestra la gráfica.

19. Enunciado verdadero.

Justificación

Reemplazando $p = 9,5$ en las expresiones de las funciones se obtiene $q_d = q_o = 450$.

20. Enunciado verdadero.

Justificación

$B(x) = I(x) - C(x) \;\longrightarrow\; 6x - 12000 > 0 \;\longrightarrow\; x > 2000$

21. Enunciado verdadero.

Justificación: La expresión $y = |x-4|$ indica que la gráfica de g se desplaza 4 unidades hacia la derecha respecto a $y = |x|$. Además la expresión $y = -|x-4|$ indica una reflexión respecto del eje y.

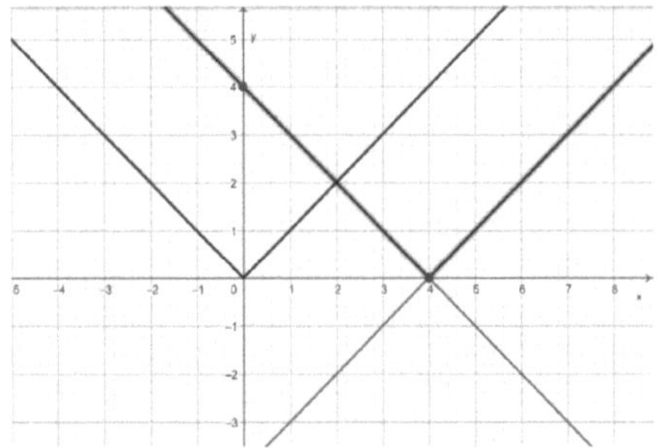

22. Enunciado verdadero.

Justificación

$(h o t)(x) = x \quad \rightarrow \quad h[t(x)] = x \quad \rightarrow \quad \dfrac{t(x)}{t(x)+1} = x \quad \rightarrow \quad t(x) = x.t(x) + x \quad \rightarrow \quad t(x)$

$- x.t(x) = x \quad \rightarrow \quad t(x).(1 - x) = x \quad \rightarrow \quad t(x) = \dfrac{x}{1-x}$

23. Enunciado falso.

Justificación

En x= 20, B(20)=0, es decir I(20) = C(20) siendo x=20 **la cantidad de unidades** que genera beneficio cero.

24. Enunciado falso.

Justificación

12 y 20 representan los precios unitarios de cada uno de los productos.

25. Enunciado falso.

Justificación

El dominio de la función f es $Df = \{(x, y) \in R \, / \, y > x + 2\}$ pues $y - x - 2$ debe ser mayor que cero lo que implica que $y > x + 2$ y el semiplano representado es $y < x + 2$, pues si reemplazamos el punto (0; 0) en $y > x+2$ no se verifica la desigualdad: 0 > (0+2), y si verifica y < x+2, por la tanto el semiplano es el que contiene al punto (0; 0)

26. Enunciado falso.

Justificación

Las funciones logarítmicas poseen asíntota vertical, dependiendo del dominio en que estén definidas, jamás poseen asíntota horizontal.

27. Enunciado verdadero.

Justificación

Con los datos de la gráfica se obtienen las funciones de ingreso y costo, I(x) = 2x y C(x) = x + 10., respectivamente. Luego haciendo la diferencia se obtiene B(x) = x – 10.

28. Enunciado falso.

Justificación

Si se produce un aumento del 10% en el presupuesto, el modelo de presupuesto resulta $$3x + 2y = 33 \longrightarrow y = \frac{33}{2} - \frac{3}{2}x$$
La línea de presupuesto P se desplaza en forma paralela a la dada pero la ordenada al origen es 33/2.

29. Enunciado verdadero.

Justificación

El número 2 que resta a la variable x desplaza a la función f, 2 unidades hacia la derecha y el factor ½ , al estar comprendido entre 0 y 1 y multiplicando a los valores de la variable dependiente, acorta la gráfica un factor ½ en dirección vertical.

30. Enunciado falso.

Justificación

El rango de la siguiente función es $R = [-2, 3)$.

31. Enunciado falso.

Justificación

$$I(q) = \left(900 - \frac{3}{2}q\right).q \quad \longrightarrow \quad I(300) = 135000$$

El ingreso máximo es $135000.

32. Enunciado verdadero.

Justificación

$$y = f(x) = 1{,}02^x \quad \longrightarrow \quad \log_{1,02} y = x \quad \longrightarrow \quad y = \log_{1,02} x = f^{-1}(x)$$

33. Enunciado verdadero.

Justificación

La función está definida si $2x - y > 0$ lo que implica que $y < 2x$; por lo tanto el dominio es el dado.

34. Enunciado falso.

Justificación

La función tiene una asíntota vertical en $x = 1$ y un cero en $x = 2$.

35. Enunciado verdadero.

Justificación

$I(q) = 2q(12 - q)$ la abscisa del vértice es 6.

Luego $I(q) = p.q \quad \longrightarrow \quad I(6) = p.6 \quad \longrightarrow \quad p = 12$

36. Enunciado verdadero.

Justificación

Reemplazando las coordenadas del punto dado en f(x, y) se obtiene una igualdad cierta:

$1 = 1 - 3 + 3 \quad \rightarrow \quad 1 = 1$

37. Enunciado falso.

Justificación

Si el presupuesto disminuye un 10 % el modelo de presupuesto es

$100x + 400y = 9000$

de donde se obtiene que la cantidad máxima que se puede adquirir de B es 90/4 = 22,5 unidades.

38. Enunciado verdadero.

Justificación

Oferta: $p = f(q) = f(q) = \frac{q}{40} + 10 \quad \rightarrow \quad p = 400/40 + 10 \quad \rightarrow \quad p = 20$

Demanda: $p = g(q) = 8000/q \quad \rightarrow \quad p = 8000/400 \quad \rightarrow \quad p = 20$

La ordenada al origen de la función oferta, que es 10, es el precio mínimo de oferta.

39. Enunciado falso.

Justificación

$f: R - \{-1/2\} \quad \rightarrow \quad R - \{1\}$

Por ser f la inversa de g, el $Dg = CIf = R - \{1\}$.

40. Enunciado falso.

Justificación

Siendo I(q) = (1000 – 2q).q   los ceros de la función son q = 0 y q = 500. La abscisa del vértice es 250. Por lo tanto el nivel de producción que maximiza los ingresos es 250 unidades.

41. Enunciado falso.

Justificación

Resolviendo el sistema para x ≥ 0 , y ≥ 0 se obtiene el único punto de equilibrio (1.52 ; 5.05) con valores aproximados.

42. Enunciado verdadero.

Justificación

El ingreso es mayor que el costo de producción cuando

B(x) = 5x – 185 > 0   →   x > 37   y   por lo tanto I(40) > C(40).

43. Enunciado verdadero.

Justificación

(gof)(x) = g[f(x)] = g(10x – 2) = 10x – 2 + 2 = 10x   y Dgof = Df = R.

44. Enunciado falso.

Justificación

El   modelo   que   representa   la   situación   planteada   es:

$$P(x) = \begin{cases} 0{,}75.x & si & 0 \leq x \leq 10 \\ 0{,}50.x & si & x > 10 \end{cases}$$

45. Enunciado verdadero.

Justificación

(gof)(20) = g[f(20)] = g(100) = 15000

TERCERA SECCIÓN: RESOLUCIÓN DE PROBLEMAS EN CONTEXTOS

Actividad: Para cada uno de los siguientes problemas te sugerimos que leas el enunciado e identifiques datos, produzcas un modelo matemático pertinente o un procedimiento apropiado para arribar a la respuesta correcta.

EJE TEMÁTICO: LÓGICA PROPOSICIONAL

PROBLEMA 1

I) Dada la siguiente proposición: "Si la función es exponencial con dominio en R, tiene asíntota horizontal"

- a) Expresar en lenguaje simbólico.
- b) Determinar el valor de verdad de la misma.
- c) Expresar la negación de la misma, en lenguaje simbólico y coloquial.

II) Considera la siguiente proposición, "Si se produce un aumento de la recaudación, se construirán las obras públicas programadas".

Sabiendo que el antecedente del condicional es verdadero, ¿qué tiene que suceder para que el condicional sea verdadero?

III) Sean las siguientes proposiciones, indicar la condición de **p** respecto de **q**

p: La función f es una función inyectiva

q: La función f es biyectiva

PROBLEMA 2: Dada la siguiente proposición "No es cierto que los ingresos son mayores que los costos y si el fabricante no tiene pérdidas, los ingresos son mayores que los costos".

Expresa un enunciado equivalente.

PROBLEMA 3: Las siguientes proposiciones son verdaderas

$$p_1:\ t \lor \neg s$$

$$p_2:\ \neg t \lor u$$

$$p_3:\ \neg u$$

¿Cuál es el valor de verdad de $\neg s$?

PROBLEMA 4:

I) Dada la siguiente proposición

"Si no aumenta la recaudación y suben los impuestos entonces las ganancias serán menores"

a) Determinar las proposiciones simples.

b) Expresar en lenguaje simbólico.

c) Encuentra una expresión equivalente y exprésala en forma simbólica y coloquial.

II) Dadas las siguientes formas proposicionales

Determina la condición de P respecto de Q

P: t es verdadero
Q: $m \rightarrow t$ es verdadero

III) Dado el siguiente enunciado "Todos los jóvenes estudian y no trabajan".
a) Expresa simbólicamente.
b) Expresa en forma simbólica y coloquial la negación.

PROBLEMA 5

a) Sabiendo que la proposición: $q \rightarrow (\sim r \lor s)$ es falsa

      a1) Determina el valor de verdad de q, r, s.

      a2) Escribe en forma simbólica una forma equivalente del condicional

b) Siendo la proposición: Algunos estudiantes no trabajan.

      b1) Expresa el enunciado en forma simbólica.

b2) Expresa simbólica y coloquialmente su negación.

c) Dadas las siguientes proposiciones, todas verdaderas, halla el valor de verdad de r

P1: ~q → (r → s)

P2: ~ q

P3: ~ s

PROBLEMA 6

Las siguientes expresiones, ¿son equivalentes? "Si hay viento, se corta la luz" y " Si no se corta la luz entonces no hay viento"

PROBLEMA 7

Dada la siguiente proposición "Si el Banco Central no compra dólares, la inflación bajará y se frenará el alza de precios de la canasta familiar"

i) Exprésala en forma simbólica, definiendo las proposiciones simples que la forman.

ii) Expresa en forma simbólica y coloquial una proposición equivalente.

PROBLEMA 8

Determina si la proposición $(\sim p \wedge q) \vee q$ es una tautología, contradicción o contingencia. Justifica.

PROBLEMA 9

Establece el valor de verdad de cada una de las siguientes proposiciones. Justifica.

a) La negación de la proposición $p \to \sim r$ es la proposición $\sim p \to r$.

b) La proposición "No es cierto que todos los alumnos no asisten a las clases de consulta y cursan Matemática" es equivalente a "Algunos alumnos no asisten a las clases de consulta o no cursan Matemática"

PROBLEMA 10

Determina, en cada caso, si la información que se da es suficiente para conocer el valor de verdad de las siguientes proposiciones compuestas. En caso afirmativo, justifica:

a) $(p \rightarrow q) \rightarrow r$; r es V

b) $(p \vee q) \leftrightarrow (\sim p \wedge \sim q)$; q es V

PROBLEMA 11

Dada la siguiente proposición "Si aumentan los precios de los productos entonces no habrá consumo o disminuirán las ventas"

a) Determina las proposiciones simples.

b) Expresa en lenguaje simbólico.

c) Encuentra una expresión equivalente y exprésala simbólica.

PROBLEMA 12

Para las siguientes formas proposicionales, determina la condición de P respecto de Q

    P: s es verdadero

    Q: $r \rightarrow \sim s$ es falso

PROBLEMA 13

Dado el siguiente enunciado "Todos los estudiantes de la Facultad son Argentinos"

a) Expresa simbólicamente.

b) Expresa simbólica y coloquialmente la negación del mismo.

PROBLEMA 14

Dada la siguiente proposición "Si estudiamos entonces no vamos a la playa". Si el antecedente es verdadero, que debe suceder para que la proposición sea verdadera?

PROBLEMA 15

Sabiendo que la forma proposicional: $p \to (\sim q \vee s)$ es falsa.

a) Determina el valor de verdad p, q y s.

b) Escribe en forma simbólica una forma equivalente del condicional.

PROBLEMA 16

Dada la siguiente proposición "Si aumenta la recaudación y no aumentan los impuestos entonces los ingresos serán mayores"

a) Determina las proposiciones simples.

b) Expresa en lenguaje simbólico.

c) Encuentra una expresión equivalente y exprésala en forma simbólica y coloquial.

PROBLEMA 17

Dadas las siguientes formas proposicionales, determina la condición de P respecto de Q

P: $r \to s$ es verdadero   Q: s es verdadero

PROBLEMA 18

Dado el siguiente enunciado "Algunos jóvenes trabajan y son solidarios".

c_1) Expresa simbólicamente.

c_2) Expresa simbólica y coloquialmente la negación.

PROBLEMA 19

Dado el siguiente enunciado "Todos los empleadores inscriben a sus empleados en la AFIP y les entregan el recibo de sueldo".

Expresa su negación.

PROBLEMA 20

Dada la proposición: "Existen algunos números Reales que no son Racionales"

a) Exprésala simbólicamente y determina su valor de verdad.

b) Expresa simbólica y coloquialmente su negación.

PROBLEMA 21

Indica y justifica la condición de "p" respecto de "q" siendo

p: El dominio de la función f es el conjunto imagen de la función g.

q: Las funciones f y g son funciones inversas.

PROBLEMA 22

a) Expresa en forma simbólica la siguiente proposición

"Si el perro no se siente bien entonces, no come y permanece acostado"

b) Expresa en forma coloquial una proposición equivalente a la dada en el ítem a). Justifica.

PROBLEMA 23

Dada la siguiente proposición "Si los bomberos llegan a tiempo entonces el viejo edificio se salvará". Sabiendo que el edificio no se salvó, extrae una conclusión verdadera.

PROBLEMA 24

Expresa en lenguaje simbólico el siguiente enunciado y luego niégalo.

 "Existen personas que tienen nacionalidad argentina y trabajan en el extranjero".

PROBLEMA 25

Si las siguientes proposiciones p→~q, r→q y r son verdaderas, ¿cuál es el valor de verdad de p?

PROBLEMA 26

 Responde y justifica

a)Si ~r ∧ q es V, ¿Cuál es el valor de la proposición r ∨ ~q ?

b)Las formas proposicionales p ∧ q   y   ~ [p → (~ q)], ¿son equivalentes?

c)¿Es cierto que Todas las funciones proposicionales son proposiciones?

d)¿Cuál es el enunciado recíproco de "si no hay reservas, sube el dólar"?

PROBLEMA 27

El ministro de economía expresó: "Ningún asalariado que gane hasta 300.000um brutos pagará impuesto a las ganancias".

a) Formaliza este enunciado.

b) El anuncio del ministro de economía es equivalente a expresar?

 "No es cierto que, algún asalariado que gane hasta 300.000 um brutos pagará el impuesto a las ganancias"

PROBLEMA 28

a) Escribe en símbolos y en lenguaje coloquial **dos** proposiciones equivalentes a la proposición:

"Si aumenta el precio de la carne entonces se consumirá más verdura"

b) Expresa en lenguaje simbólico el siguiente enunciado y luego niégalo.

"Todos las personas de 16 años pueden votar"

c) Analiza condición necesaria y/o suficiente para las siguientes funciones

proposicionales P_x: $|x| < 5$ Q_x: x <5, x $\in$ R

PROBLEMA 29

 Dada la siguiente proposición "Existen funciones exponenciales que no tienen asíntota horizontal"

a) Expresa en lenguaje simbólico.

b) Establece el valor de verdad de la proposición.

c) Determina simbólica y coloquialmente su negación.

PROBLEMA 30

 Establece la condición de p respecto de q en cada ítem.

p: r→s es verdadero   q: r $\wedge$ s es verdadero

PROBLEMA 31

 Dada la siguiente proposición "Existen funciones logarítmicas que no tienen asíntota vertical"

a) Expresarla en lenguaje simbólico.

b) Establece el valor de verdad de la proposición.

c) Determina simbólica y coloquialmente su negación

PROBLEMA 32

 Si la proposición compuesta: "José invirtió dinero en acciones de la bolsa y no obtuvo ganancias" es Verdadera, ¿se puede determinar el valor de verdad de: "No es cierto que, José obtuvo ganancias o José no invirtió dinero en acciones de la bolsa"?

Problema 1

Una empresa tiene en existencia carpetas en distintos tamaño, disponibles en cinco colores. El precio por unidad de las carpetas chicas es de $48, de la mediana es de $52 y grande a $89. El inventario actual de la tienda se da en la siguiente tabla:

	colores				
Tamaño de la carpeta	blanco	canela	beige	rosado	amarilla
Chica	140	160	200	100	80
Mediana	155	130	170	120	130
Grande	150	155	110	115	135

a) Organiza estos datos en una matriz A de inventario y una matriz B de precios para que el producto $C = A.B$ quede definido.

b) Obtiene la matriz C.

c) Interpreta el significado del elemento c_{51} en C.

Problema 2

Una fábrica produce dos modelos de acumuladores de calor, G y P, en tres terminaciones: normal, lujo y especial. Del modelo G, produce 500 unidades normales, 300 unidades de lujo y 200 especiales. Del modelo P, produce 400 unidades normales, 200 unidades de lujo y 100 especiales. La terminación normal necesita 20 horas de fabricación de piezas y 1,5 horas de montaje. La terminación de lujo necesita 25 horas de fabricación y 2 horas de montaje, y la terminación especial necesita 30 horas de fabricación y 2,5 horas de montaje.

a) Organiza matricialmente la información dada.

b)Si cada hora de fabricación se paga a 15 u.m y cada hora de montaje a 18 u.m, escribe matricialmente el costo total de cada uno de los acumuladores G y P.

Problema 3

Un financiero invirtió en bolsa $300.000 en acciones de tres empresas A, B, C y obtuvo un beneficio de $15.500 pesos. Si sabemos que invirtió en A igual cantidad de dinero como en B y C juntos y que los beneficios de las empresas fueron de un 5% en A, 3% en B y un 10% en C ¿Cuánto invirtió en cada empresa?

Problema 4

Una empresa de transportes gestiona una flota de 60 camiones de tres modelos diferentes: mayores (M), medianos (m) y pequeños (p). Los mayores transportan una media diaria de 15000 kg y recorren diariamente una media de 400 km. Los medianos transportan diariamente una media de 10000 kg y recorren 300 km. Los pequeños transportan diariamente 5000 kg y recorren 100 km de media. Diariamente los camiones de la empresa transportan un total de 475 toneladas y recorren 12500 km entre todos. ¿Cuántos camiones gestiona la empresa de cada modelo?

Problema 5

Sabiendo que la inversa de A es $\begin{pmatrix} 1 & 2 \\ 2 & 1 \end{pmatrix}$ y que la inversa de AB es $\begin{pmatrix} 3 & 1 \\ 1 & 2 \end{pmatrix}$. Calcula B.

Problema 6

Justifica si los siguientes enunciados son Verdaderos o Falsos.

a) Un sistema lineal cuya matriz de coeficientes tiene determinante igual a 3 es incompatible.

b) Si $C = (-1/3 \quad 4 \quad 2)$ y $D = (3 \quad 0 \quad -1/2)$, el producto de la matriz C por la traspuesta de D no se puede realizar.

c) Si A es una matriz de orden 3x3, el rango de A es 3.

d) En un sistema AX = B compatible con |A| = 0 se puede asegurar que r(A) = r(A´), donde A´ es la matriz ampliada del sistema.

Problema 7

Una empresa de muebles fabrica tres modelos de estanterías: A, B y C en tamaño grande y pequeño. Produce diariamente 1000 estanterías grandes y 8000 pequeñas de tipo A, 8000 grandes y 6000 pequeñas de tipo B, y 4000 grandes y 6000 pequeñas de tipo C. Cada estantería grande lleva 16 tornillos y 6 soportes, y cada estantería pequeña lleva 12 tornillos y 4 soportes, en cualquiera de los tres modelos.

a) Representa esta información empleando matrices.

b) Halla una matriz que represente la cantidad de tornillos y de soportes necesarios para la producción diaria de cada uno de los 3 modelos (discriminado en tornillos y soportes).

Problema 8

En una página web destinada a ofrecer películas, las más requeridas son de tres tipos: infantiles, ficción y terror. Se sabe que:

* El 60% de las películas infantiles más el 50% de las de ficción representan el 30% del total de las películas.

* El 20% de las infantiles más el 60% de las de las de ficción más del 60% de las de terror representan la mitad del total de las películas.

* Hay 100 películas más de las de ficción que de infantiles.

Con la información dada halla el número de películas de cada tipo.

Problema 9

El aporte previsional mensual que realiza un empresa es de $1200 por empleado de nivel jerárquico y de $550 por empleado no jerárquico. La empresa cuenta con 15 empleados de nivel jerárquico y 30 de nivel no jerárquico. Con esta información: Organiza los datos empleando matrices y establece la operación que posibilite calcular el gasto mensual total de la empresa en aportes previsionales.

Problema 10

Sabiendo que la matriz $A = \begin{pmatrix} 20 & 40 & 25 \\ 30 & 25 & 40 \\ 15 & 50 & 30 \end{pmatrix}$ muestra en cada una de sus columnas los consumos mensuales de agua mineral, gaseosa y leche de tres familias -representadas en cada una de las tres filas-, y la matriz $B = \begin{pmatrix} 5 & 6 & 4 \\ 5 & 7 & 5 \\ 6 & 9 & 6 \end{pmatrix}$ muestra a través de cada una de sus filas la evolución de los precios, en u.m., en los meses de setiembre, octubre y noviembre de 2016 de los tres productos: agua mineral, gaseosa y leche, representados en cada columna respectivamente:

a) Indica qué representan los elementos a_{23} y b_{32}.

b) Halla, si es posible, $A \cdot B^t$ e indica qué información proporciona el producto matricial.

Problema 11

Una Universidad recibió aportes de $\$1.360.000$ para realizar investigaciones. El dinero se dividió entre 100 científicos de 3 grupos de investigación A, B, y C. Cada científico del grupo A recibió $\$20.000$, cada científico del grupo B $\$8.000$ y cada uno del C $\$10.000$. El grupo de investigación B recibió 1/5 de los fondos del grupo A.

¿Cuántos científicos pertenecen a cada grupo?

Problema 12

Supongamos que la tabla 1 muestra las cantidades necesarias de materia prima en una cervecería durante 4 semanas y en la tabla 2 los costos por unidad de dos proveedores. Utilizando el álgebra matricial determina qué proveedor conviene comprar las materias primas.

Tabla 1	Levadura	Malta	Agua
1° semana	8	4	12
2° semana	10	6	4
3° semana	7	8	5
4° semana	11	7	9

Tabla 2	Proveedor 1	Proveedor 2
Levadura	50	55
Malta	136	127
Agua	80	79

Problema 13

Considera el siguiente enunciado: "Sean A una matriz de orden n x n, X un vector de orden n x 1 y B un vector de orden n x 1, el sistema de ecuaciones lineales: A.X = B admite una única solución".

Escribe por lo menos cuatro enunciados equivalentes al dado.

Problema 14

En cada caso calcula lo pedido:

a) El determinante de A, siendo $A = (a_{ij})$ una matríz cuadrada de orden 3 y $a_{ij} = j$ si $i > j$ y $a_{ij} = i$ si $i \leq j$.

b) La matriz inversa de B sabiendo que: $(B^{-1})^{-1} = \begin{pmatrix} 2 & 0 \\ 0 & 1 \end{pmatrix}$

c) La matriz X que verifica: $C.X - 2.X = C$ siendo $C = \begin{pmatrix} 0 & -1 \\ 2 & 1 \end{pmatrix}$

Problema 15

En 2 meses las concesionarias Zeta y Gamma de ventas de automóviles, tuvieron un volumen de ventas de 4 marcas de automóviles cuyos datos se presentan en la siguiente tabla.

Zeta

	F	P	R	W
1°Mes	9	5	4	7
2°Mes	5	6	8	3

Gamma

	F	P	R	W
1°Mes	10	6	5	1
2°Mes	4	7	6	5

a) Expresa estos datos a través de matrices.

b) Determina a través de operaciones matriciales, la cantidad de automóviles de cada marca vendidos por ambas concesionarias en ambos meses.

c) Sabiendo que los automóviles marca F se vendieron a \$1.200.000, marca P \$750.000, marca R \$920.000 y Marca W \$1.150.000:

C_1) Construye una matriz con los precios de cada marca de automóvil.

C_2) Determina a través de operaciones con matrices, lo que recaudó por las ventas realizadas la concesionaria Zeta y la concesionaria Gamma en cada uno de los meses.

C_3) Determina lo recaudado en cada mes en total en las dos concesionarias.

Problema 16

Justifica si son verdaderas o falsas las siguientes proposiciones:

a) La matriz $A = \begin{pmatrix} 2 & 0.5 & 3 & 10 \\ 8 & -2 & 12 & 40 \end{pmatrix}^t$ tiene rango 4.

b) $X = (A - 4I)^{-1}(3I - 4.A)$ es solución de la ecuación: $A.X - 3 = 4.X - 4.A$

c) La matriz $C = (c_{ij})$ de orden 3x4 / $c_{ij} = 1$ si $i = j$ y $c_{ij} = 3$ si $i < j$, es una matriz triangular superior unitaria.

Problema 17

En una fábrica de telas, dos máquinas se alternan el trabajo diario. La primera produce tela que se venden a $600 cada metro y gasta $500 por hora de producción, mientras que la segunda produce telas que se venden a $800 el metro y gasta $600 por hora de producción. Con la finalidad de calcular la cantidad de horas diarias y la cantidad de metros de tela que deben producir para que la ganancia diaria sea de $1.000 con la primera máquina y de $800 con la segunda, se plantea la ecuación matricial:

$$(I - C).\ X = G$$

a) ¿Cuáles son las matrices I, C, X y G que permiten resolver el problema mediante la ecuación matricial dada?

b) Resuelve dicha ecuación matricial e indica la solución del problema.

Problema 18

Lucas y José son dos hermanos que están organizando un asado con amigos, cada uno por separado. Lucas y sus amigos necesitan 5 Kg. de carne y 20 litros de bebidas, mientras que José y su grupo necesitan 8 Kg. de carne y 10 litros de bebidas. En el barrio donde viven hay tres supermercados y deben decidir en cuál de ellos comprar todo lo necesario para que sea lo más barato posible. En cada supermercado, los respectivos precios del kilo de carne y el litro de bebida son: $120 y $15; $115 y $17; $100 y $20.

Organiza todos los datos en **dos** matrices, explicando que significa cada elemento de cada matriz, y luego determina mediante una operación matricial dónde debe ir cada hermano a realizar las compras.

En los problemas 19 y 20

Utiliza la siguiente tabla de códigos:

1	2	3	4	5	6	7	8	9	10	11	12	13	14	15
A	B	C	D	E	F	G	H	I	J	K	L	M	N	Ñ

16	17	18	19	20	21	22	23	24	25	26	27	28
O	P	Q	R	S	T	U	V	W	X	Y	Z	-

Problema 19

Utiliza adecuadamente la matriz clave A y el mensaje cifrado C para hallar el mensaje original M.

a) $A = \begin{pmatrix} -2 & 5 & 1 \\ 2 & -3 & 1 \\ 0 & 1 & -1 \end{pmatrix}$; $C = \begin{pmatrix} -8 & 21 & 100 & 98 & 87 & 82 & 34 \\ 16 & 17 & -12 & -42 & -13 & -42 & -14 \\ -2 & -9 & -12 & 10 & 5 & 18 & 8 \end{pmatrix}$

b) $A = \begin{pmatrix} 1 & 1 & -1 \\ 0 & 2 & -1 \\ 0 & -1 & 1 \end{pmatrix}$; $C = \begin{pmatrix} 7 & 8 & -7 & -8 & 17 & 11 & 20 \\ 13 & -3 & 12 & -10 & 19 & 5 & 28 \\ -4 & 6 & 8 & 13 & -3 & -2 & 0 \end{pmatrix}$

Problema 20

Tomando como clave la matriz A tal que $A^{-1} = \begin{pmatrix} 1 & -1 \\ 0 & 1 \end{pmatrix}$ y la tabla de códigos, halla la matriz que encripta el mensaje: **"Esta cerca"**.

Problema 21

Una empresa está considerando utilizar Cadenas de Markov para analizar los cambios en las preferencias de los usuarios por tres marcas distintas de un determinado producto. El estudio ha arrojado la siguiente estimación de la matriz de probabilidades de cambiarse de una marca a otra cada mes:

$$P = \begin{pmatrix} 0.80 & 0.03 & 0.20 \\ 0.10 & 0.95 & 0.05 \\ 0.10 & 0.02 & 0.75 \end{pmatrix}$$

a) Indica el significado de p_{23}.

b) Si en la actualidad la participación de mercado es de 45%, 25% y 30%, respectivamente. **¿Cuáles serán las participaciones de mercado de cada marca en dos meses más?**

c) Determina, si existe, cuál es el estado de equilibrio del sistema.

Problema 22

La siguiente es la matriz de pagos de un juego de suma cero:

$$(a_{ij}) = \begin{pmatrix} -3 & -2 & 6 \\ 2 & 1 & 2 \\ 5 & -2 & -4 \end{pmatrix}$$

a) Indica el significado de a_{3j} y a_{21}.

b) Resuelve el juego indicando las técnicas aplicadas.

c) Indica si el valor del juego representa un equilibrio de Nash.

Problema 23

Dos librerías identificadas por A y B, forman un duopolio local en el sector de los centros comerciales. Cuando se aproxima el comienzo del año lectivo, ambas librerías acostumbran a realizar inversiones en publicidad tan altas que pueden implicar la pérdida de todo el beneficio. Ambas han acordado no hacer publicidad por este año, por lo que cada una, si cumple el acuerdo, puede obtener ganancias de $50 millones. No obstante si una de ellas traiciona el acuerdo, puede preparar su campaña publicitaria y lanzarla en el último momento atrayendo a los consumidores y generando un beneficio de 60 millones mientras que la competencia perdería $40 millones. Si ambas incumplen el acuerdo obtendrán beneficio $0.

a) Organiza los datos en una matriz.

b) ¿Qué combinación de estrategias deben decidir de modo que sea perdurable en el tiempo? Justifica la elección.

Problema 24

Un consorcio de edificios puede contratar dos compañías para servicios de mantenimiento: o la empresa AA o la empresa BB. La probabilidad de que la compañía contrate a la empresa AA y al mes siguiente la siga contratando es del 60%. Además, si este mes contrata a la empresa BB al mes siguiente la sigue contratando con una probabilidad de 30%.

a) ¿Cuál es la matriz de transición de estados?

b) Si este mes se contrató la empresa de limpieza AA, ¿Cuál es la probabilidad de que dentro de dos meses contrate la misma empresa?

c) Determina cuál es el estado de equilibrio del sistema.

Problema 25

Dos aerolíneas, Delta y American, ofrecen un viaje de Boston a Budapest y deben decidir los precios que deben establecer a cada pasaje. Las decisiones que deben tomar es si establecen precios altos (Pa) o bajos (Pb). Los ingresos (en $) que perciben por pasaje, en cada caso, se muestran en la siguiente tabla:

		American	
		Pa	Pb
Delta	Pa	(3600;3600)	(0; 2500)
	Pb	(2500 ; 0)	(1800;1800)

a) Indica el significado del par: (0; 2500)

b) Si ambas empresas deciden de común acuerdo obtener mayores ingresos ¿Cuál decisión deben tomar? ¿Qué técnicas de resolución se aplica para tal fin?

c) Las combinaciones de estrategias halladas en b, ¿representan un equilibrio de Nash?

Problema 26

 Dos laboratorios farmacéuticos A y B abastecen un grupo de farmacias de una determinada ciudad. En la siguiente tabla se muestran las preferencias mensuales de este grupo.

	A	B
A	0.80	0.15
B	0.20	0.85

a) Indica el significado del valor 0.15 de la tabla.

b) Si hoy las preferencias del grupo son 30%, 70% para los laboratorios A y B, respectivamente. Estima los porcentajes que habrá dentro de 4 meses.

c) Determina si existe equilibrio.

Problema 27

Dada la siguiente bimatriz de beneficios de un juego, donde las estrategias del jugador 1 aparecen en filas y las del jugador 2 en columnas. La combinación de estrategias (B, L) es el único equilibrio de Nash si $a > 4$ y $b > 1$.

	L	R
T	4, 4	0, 2
M	2, 1	1, 0
B	a, b	2, 1

Problema 28

Un juego tiene la siguiente bimatriz de beneficios: $\begin{pmatrix} 3,4 & 1,2 & 2,3 \\ 1,3 & 0,2 & 3,0 \end{pmatrix}$.

Resuelve el juego indicando las técnicas de resolución adoptadas y los beneficios obtenidos por cada jugador.

Problema 1

Una empresa tiene un monto asignado de \$2700 para adquirir dos bienes A y B. Si el valor del bien A es de \$45 y el valor del bien B es de \$75, llamando x e y, respectivamente, a la cantidad de dichos bienes. Determina:

a) La expresión que corresponde a la línea de presupuesto.

b) ¿Es posible que la empresa pueda adquirir 40 unidades del bien A y 15 unidades del bien B?

c) La expresión que corresponde a la nueva línea de presupuesto si el precio del bien A disminuye un 20%.

d) En un mismo sistema de ejes, realiza las gráficas correspondientes a las líneas de presupuesto obtenidas en los ítems a) y c).

Problema 2

Establece el valor de verdad de cada proposición. Justifica tu respuesta.

a) La función $f(x) = \log_2(x-2) - 1$ corta el eje y en el punto (0,4).

b) La inversa de la función $f(x) = \dfrac{2}{x} + 3$ es $f^{-1}(x) = .\dfrac{2}{x} - 3$

c) Si $f(x) = 3x + 2$ y $g(x) = x^3$, entonces $(fog)(x) = 3x^3 + 2$.

d) El rango de la función $f(x) = 2^{x-3} - 1$ es $(3, +\infty)$.

Problema3

 Dadas las ecuaciones de oferta y demanda siguientes:

$$p = (½)\,x + 5 \quad y \quad p = 12/x$$

a) Representa gráficamente y determina el punto de equilibrio.

b) Para un precio de \$9, determina si hay exceso de oferta o de demanda.

Problema 4

Siendo U(x) = 25x – 125 la función de utilidad de un determinado producto, donde x indica cantidad producida y vendida:

a) Calcula la cantidad a partir de la cual se obtiene una utilidad superior a $1000.

b) Halla las funciones de Costo e Ingreso Total si el precio de venta del producto es de $120.

c) Determina el punto de equilibrio Costo-Ingreso.

Problema 5

Al realizarse un estudio de mercado para un determinado producto, los resultados obtenidos sobre el comportamiento de la demanda son:

- la demanda máxima del producto es de 120 unidades y es lineal.

- Cuando el precio aumenta $ 12, la cantidad disminuye 20 unidades.

  a) Determina la expresión analítica de la función lineal de demanda.

  b) Determina la expresión analítica del Ingreso en función de la demanda.

  c) Representa gráficamente el ingreso en función de la demanda e interpreta las intersecciones con el eje x.

Problema 6

Completa la siguiente tabla

Función	Dominio	Imagen	Asíntota	Intersección eje x	Intersección eje y
$f(x) = 3^{x+2} - 3$					
$g(x) = log_3(x + 9)$					

Con la información anterior grafica las funciones.

Problema 7

Dadas las siguientes funciones:

$$f(x) = \left(\tfrac{1}{2}\right)^{x-1} \qquad g(x) = \frac{1}{x-1} + 2 \qquad h(x) = \log_{\frac{1}{2}} x + 1$$

Justifica si los siguientes enunciados son verdaderos o falsos

a) La función g tiene asíntota vertical $x = 1$ y asíntota horizontal $y = 2$.

b) Las funciones h y f son funciones inversas.

c) El dominio de la función h es $(1, +\infty)$.

d) La función f es decreciente en todo su dominio.

e) La gráfica de la función g es una traslación horizontal de la gráfica de la función $y = 1/x$

f) El Conjunto Imagen de g es R.

Problema 8

La demanda máxima de un producto es de 300 unidades, el precio mínimo de oferta es \$10 por unidad y el punto de equilibrio entre la oferta y la demanda es $(104, 28)$.

a) Determina las expresiones analíticas de las funciones de oferta y demanda, sabiendo que son lineales.

b) Grafica las funciones del ítem a) en un mismo sistema de coordenadas.

c) Si el precio del producto en el mercado es de \$16, determina si hay exceso de oferta o de demanda e indica el valor de dicho exceso.

d) Si el precio mínimo de oferta aumenta un 10%, determina qué ocurre con la función oferta.

Problema 9

Dada la siguiente función $y = \log_2 x + 2$

a) Halla Dominio y Conjunto Imagen. Encuentra, si existen, los puntos de intersección con los ejes coordenados y las asíntotas.

b) Determina la expresión analítica de su función inversa e indica su dominio y Conjunto Imagen y, si existen, las intersecciones con los ejes coordenados y asíntotas.

c) Verifica que $(f \circ f^{-1})(x) = (f^{-1} \circ f)(x) = x$

Problema 10

1) Completa la siguiente tabla:

I)Función	Dominio	Imagen	Intersección eje x	Intersección eje y	Asíntota vertical	Asíntota Horizontal
$f(x)=\dfrac{x-3}{x-4}$						
$f^{-1}(x)=$						

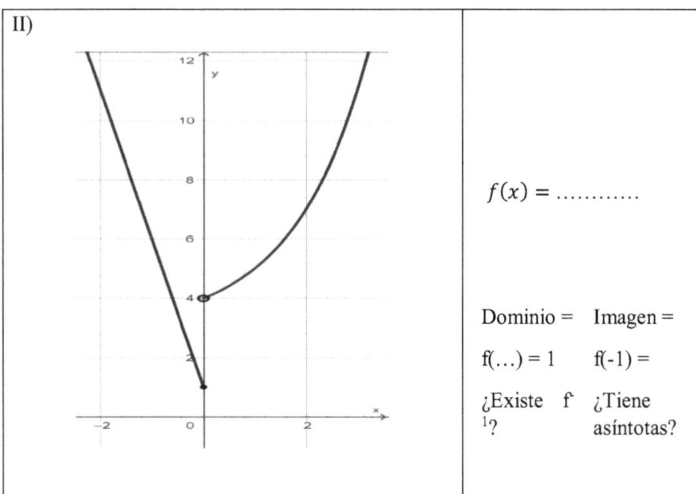

$f(x) = \ldots\ldots\ldots$

Dominio = Imagen =

$f(\ldots) = 1$ $f(-1) =$

¿Existe f^{-1}?   ¿Tiene asíntotas?

Problema 11

El ingreso (en miles de pesos) de una empresa que logra al vender x unidades de un producto está dado por la ley $I(x) = 10x - x^2$

    a) Grafica la función ingreso.

    b) ¿Qué ingreso tiene si la empresa vende 8 productos?

    c) ¿Cuántos productos se deben vender para que el ingreso sea de 21 millones de pesos?

    d) ¿Cuántos productos deberán venderse para obtener el ingreso máximo?

    e) ¿Cuál es el ingreso máximo?

Problema 12

Una empresa tiene un monto asignado de \$8100 para adquirir dos bienes A y B. Si el valor del bien A es de \$ 135 y el valor del bien B es de \$ 225, llamando x e y a la cantidad de dichos bienes, respectivamente.

a) La empresa ¿puede adquirir 40 unidades del bien A y 15 unidades del bien B?

b) Determina la ecuación de la nueva línea de presupuesto si el precio del bien A disminuye un 20%.

c) Representa gráficamente la función obtenida en b).

Problema 13

I) Dada la función: $f(x) = \begin{cases} 3^{x-1} - 3 & si & x < 1 \\ -x + 3 & si & x \geq 1 \end{cases}$

a) Halla el Dominio, el Conjunto imagen, las Asíntotas y los puntos de intersección de con los ejes coordenados, si existen. Grafica.

b) ¿Es f una función inyectiva? Justifica.

II) Dado el siguiente modelo de oferta y demanda de un determinado producto:

$$\begin{cases} y = \dfrac{30}{x+6} - 2 \\ y = 1 + \dfrac{1}{3}x \end{cases}$$

donde "x" es la cantidad ofrecida y demandada de dicho producto e "y" su precio unitario en pesos.

a) Identifica la función de oferta y la de demanda.

b) Determina la demanda máxima, el precio máximo, precio mínimo y el punto de equilibrio del mercado.

c) Grafica ambas funciones en el mismo sistema de coordenadas.

d) Si se fija un precio de $1, determina si hay exceso de oferta o de demanda. Calcula e interpreta dicho exceso.

Problema 14

I) Dada la gráfica de la función $f(x) = 2^x - 2$

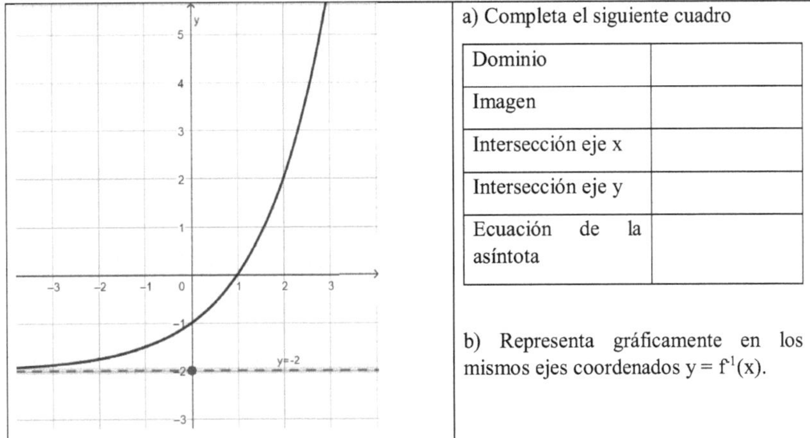

a) Completa el siguiente cuadro

Dominio	
Imagen	
Intersección eje x	
Intersección eje y	
Ecuación de la asíntota	

b) Representa gráficamente en los mismos ejes coordenados $y = f^{-1}(x)$.

II) Dadas las funciones f, g y h, decide qué grafica corresponde a cada función:

1) $f(x) = \dfrac{1}{x+2} + 1$ 2) $g(x) = \dfrac{1}{x-1} + 3$ 3) $h(x) = \dfrac{1}{x+1} + 2$

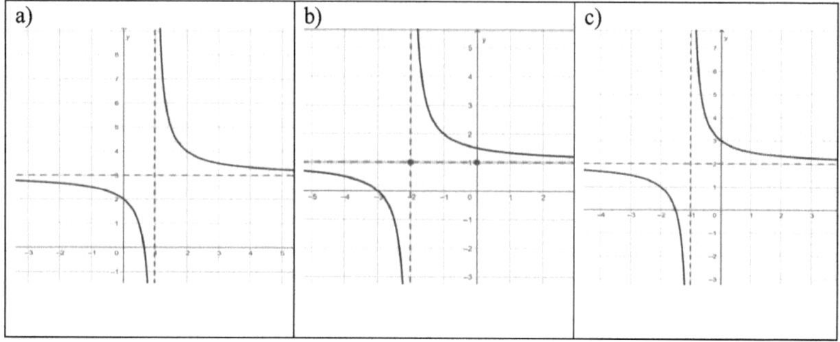

Problema 15

I) Dada la función $f(x) = \begin{cases} \left(\dfrac{1}{3}\right)^x & si\ \ x \leq 0 \\[2mm] \log_3 x & si\ \ 0 < x < 9 \end{cases}$

a) Grafica la función dada indicando intersecciones con los ejes cartesianos, si existen, y asíntotas de la misma, si corresponde.

b) Indica su dominio y conjunto imagen.

c) Para qué valor/es de x se verifica: c_1) $f(x) < 0$ $\qquad$ c_2) $f(x) = -3$

Problema 16

Dada la función $f(x) = \begin{cases} 2^x & si\ x \leq 2 \\[2mm] \log(x-2) & si\ \ x > 2 \end{cases}$ determina:

a) Dominio y Conjunto imagen.

b) $f(2)$, $f(0)$ y $f(3)$.

c) Ecuación de las asíntotas.

d) Gráfica.

Problema 17

<table>
<tr><td>

En la siguiente tabla se informan algunos valores de las funciones f y g:

x	y =f(x)	x	y=g(x)
5	8	5	7
6	7	6	8
7	6	7	6
8	5	8	5
9	4	9	4

</td><td>

Si es posible calcula:

a) (fog)(6)=

b) (gof)(6)=

c) (fof)(6)=

d) (gog)(6)=

e) (fog)(9)=

</td><td>

Completa la siguiente tabla

x	$f^{-1}(x)$	x	$g^{-1}(x)$

</td></tr>
</table>

Problema 18

Una empresa cuenta con un presupuesto de $3.000.000 para comprar euros y dólares. La cotización, en pesos, de cada moneda al día 14 de noviembre de 2024 se muestra en la siguiente tabla:

<table>
<tr><td>

a) Escribe el modelo de presupuesto en la forma y=f(x), **indicando el significado de las variables**.

b) Realiza la representación gráfica e **indica el significado económico de los puntos de intersección con los ejes coordenados.**

c) Encuentra el dominio y conjunto imagen de f.

d) ¿Es posible determinar la función inversa f^{-1}? Si es posible justifica, si no lo es, redefine la función f para que exista f^{-1}.

</td><td>

Cotización	Compra	Venta
Dólar	$979	$1019
Euro	$1059	$1119

</td></tr>
</table>

e) Halla la función inversa e indica su significado en el contexto del problema.

f) Indica dominio y conjunto imagen de f⁻¹.

g) Comprueba si $(fof^{-1}) = x$

Problema 19

I) Dada la siguiente función: $\quad y = f(x) = \begin{cases} 2^{x+1} & si & -3 \leq x \leq 3 \\ 3 - x & si & 3 \leq x \leq 8 \end{cases}$

Justifica la verdad o falsedad de las siguientes expresiones:

a) La función posee un único cero.

b) La función f es creciente en todo su dominio.

c) El valor de f(−3) + f(0) − 2.f(3) = $\dfrac{9}{4}$

d) El CIf = R

II) Siendo f(x) = log$_2$(x-3) y g(x)= 2x², determina dominio y expresión analítica de gof.

III) Una fábrica dispone de $60000 para adquirir dos tipos de materias primas A y B, cada unidad de la materia prima A cuesta $ 250 y de la B cuesta $600.

a) Determina el modelo de presupuesto que representa la situación planteada.

b) Halla e interpreta las intersecciones de la línea de presupuesto con los ejes coordenados.

c) Halla la línea de presupuesto que se obtiene si el presupuesto disminuye 50%.

d) Halla la línea de presupuesto que se obtiene si el costo de la materia prima A aumenta un 20% respecto al original.

Problema 20

El modelo de demanda para un determinado producto es $p = \dfrac{300}{q+10} - 10$

a) Representa gráficamente esta función destacando demanda máxima y precio máximo.

b) Halla la función lineal de oferta, sabiendo que dicho producto se ofrece a partir de $10 y que el precio de equilibrio es de $15.

c) Para un precio $12 determina si hay exceso de demanda o de oferta y calcula dicho exceso.

Problema 21

Los costos de producción de un bien son de $4 por litro si se fabrican menos de 50 litros por día y de $2 por litro si se producen desde 50 hasta 300 litros por día.

a) Determina la función Costo definida por tramo que modeliza esta situación.

b) Indica su dominio y conjunto imagen.

c) Elabora la gráfica.

d) Indica y justifica si la función es inyectiva.

Problema 22

Las siguientes funciones representan modelos de oferta y demanda para un determinado producto del mercado: $\quad y = \dfrac{24}{x+4} - 2 \qquad y = 1 + \dfrac{x}{2}$

a) Identifica cada una e indica el significado de las variables que intervienen. Justifica.

b) Calcula los puntos que indican: Demanda máxima, precio máximo para los consumidores y precio mínimo para los oferentes.

c) Determina el punto de equilibrio.

d) Representa gráficamente destacando todos los puntos hallados en b y c).

e) En función del modelo de demanda, determina el ingreso que se obtendría si se establece en el mercado como mejor precio el de equilibrio.

Problema 23

I) Dada la siguiente función y = f(x) = log₃x +2 determina:

a) Dominio.

b) Puntos de intersección con los ejes.

c) Ecuación de las asíntotas si existen.

d) La gráfica.

II) Un fabricante, tiene un costo mensual fijo de $15000 y un costo de producción de $80 por cada producto fabricado. Los productos se venden a $120 cada uno.

a) Determina la función costo total, la función ingreso y la función beneficio siendo todas lineales.

b) Grafica las funciones halladas en un mismo sistema de ejes coordenados.

c) Halla cuántos productos se deben vender para obtener una ganancia de $17000.

Problema 24

I) Indica dominio e imagen de cada una de las siguientes funciones:

$$f(x) = e^{x+3} \qquad g(x) = log_2 x + 3 \qquad y \qquad h(x) = \frac{1}{x+1} - 2$$

II) Una fábrica de sillas tiene costos fijos mensuales de $10000, además de costos por unidad producida de $200. El precio de venta unitario es de $700.

a) Expresa el modelo lineal de costo-ingreso-beneficio mensual de esta empresa.

b) Determina el punto de equilibrio del modelo y grafica todas las funciones en un mismo sistema de ejes coordenados.

Problema 25

El comportamiento de los consumidores ante la adquisición de un producto en el mercado se expresa a través del modelo: $y = \dfrac{10}{x+1} - 1$, donde x es la cantidad que pueden adquirir cuando el precio es y (en miles de pesos).

El precio a partir del cual el fabricante ofrece dicho producto es 3 mil pesos, si se conoce que el precio de equilibrio es 4 mil pesos.

a) Determina el modelo lineal de oferta.

b) Representa gráficamente ambos modelos, destacando los puntos significativos de cada modelo.

c) Para un precio de 5 mil pesos:

c_1) ¿Es mayor la oferta o la demanda? Justifica.

c_2) Calcula el ingreso en función de las unidades demanda.

Problema 26

Dado el siguiente modelo de oferta - demanda de un determinado producto:

$$\begin{cases} p = \dfrac{30}{q+6} - 2 \\ p = \dfrac{1}{3}q + 1 \end{cases}$$

donde "q" es la cantidad ofrecida y demandada de dicho producto y "p" su precio unitario en pesos:

a) Identifica las funciones de oferta y de demanda.

b) Determina: la demanda máxima, el precio máximo, precio mínimo y el punto de equilibrio del mercado.

c) Grafica ambas funciones en el mismo sistema de coordenadas.

d) Si se fija un precio de $2, determina si hay exceso de oferta o de demanda. Calcula e interpreta dicho exceso.

EJE TEMÁTICO: LÓGICA PROPOSICIONAL

Problema 1

I) a) Sean **p: la función es exponencial con dominio en r** y **q: la función tiene asíntota horizontal.**

En lenguaje simbólico: $p \rightarrow q$.

b) Es verdadero el enunciado.

c) En lenguaje simbólico: $\sim (p \rightarrow q) \equiv \sim (\sim p \vee q) \equiv p \wedge \sim q$

En lenguaje coloquial: La función es exponencial y no tiene asíntota horizontal.

II) Deben construirse las obras públicas programadas.

III) La proposición p es condición necesaria para q.

Problema 2

Los ingresos no son mayores que los costos y, fabricante tiene pérdidas o los ingresos son mayores que los costos.

Problema 3

Si ¬u es verdadera entonces ¬t es verdadera entonces ¬s es verdadera

Problema 4

I) a) p: aumenta la recaudación, q: suben los impuestos, r: las ganancias serán menores

b)$(\sim p \wedge q) \rightarrow r$

c) En forma simbólica: $\sim (\sim p \wedge q) \vee r \equiv p \vee \sim q \vee r$

II) P es condición suficiente para Q

III) a) Sean x es un joven, A es el conjunto de personas, P_x: x estudia, Q_x: x trabaja

En forma simbólica: $\forall \in A : P_x \wedge \sim Q_x$

b) En forma simbólica: $\sim [\forall \in A : P_x \wedge \sim Q_x] \equiv \exists\, x \in A / \sim P_x \vee Q_x$

En forma coloquial: Existe al menos un joven que no estudia o trabaja

Problema 5

a)a1) Si $q \rightarrow (\sim r \vee s)$ es falsa entonces q es verdadera y $(\sim r \vee s)$ es falsa entonces r es verdadera y s es falsa.

a2) $q \rightarrow (\sim r \vee s) \equiv \sim q \vee (\sim r \vee s) \equiv \sim q \vee \sim r \vee s$

b) b1) Sean x es un estudiante, A es el conjunto de personas, P_x: x trabaja.

En forma simbólica: $\exists\, x \in A : \sim P_x$

b2)$\sim [\exists\, x \in A / \sim P_x] \equiv \forall\, x \in A : P_x$

En forma coloquial: Todos los estudiantes trabajan

c) Si $\sim q$ y $\sim s$ son verdaderas entonces q y s son falsas. Como $\sim q \rightarrow (r \rightarrow s)$ es verdadera entonces r es falsa.

Problema 6

Si, son expresiones equivalentes por ser contrarecíprocos.

Problema 7

i) Sean p: el Banco Central compra dólares, q: la inflación deberá bajar y r: se frenará el alza de precios de la canasta familiar. En forma simbólica: $\sim p \rightarrow (q \wedge r)$.

ii) En forma simbólica: $p \vee (q \wedge r)$.

En forma coloquial: El Banco Central compra dólares o, la inflación bajará y se frenará el alza de precios de la canasta familiar.

Problema 8

Es una contingencia, resulta verdadera o falsa según el valor de verdad de las proposiciones simples que la componen.

Problema 9

a) Falso.

La negación de $p \rightarrow \sim r$ es $\sim (p \rightarrow \sim r) \equiv \sim (\sim p \vee \sim r) \equiv p \wedge r$, que no es equivalente a

$\sim p \rightarrow r \equiv \sim (\sim p) \vee r \equiv p \vee r$

b) La proposición "No es cierto que todos los alumnos no asisten a las clases de consulta

y cursan Matemática" puede expresarse como "Algunos alumnos asisten a las clases de consulta o no cursan Matemática". Luego, no son equivalentes.

Problema 10

a) Si es r verdadera, el condicional resulta verdadero, independientemente del valor de verdad del antecedente.

b) Si q es verdadera, $p \vee q$ es verdadera y $\sim p \wedge \sim q$ es falsa, luego, el doble condicional es falso.

Problema 11

a) Sean p: aumentan los precios de los productos, q: habrá consumo, r: disminuirán las ventas.

b) En forma simbólica $p \rightarrow (\sim q \vee r)$.

c) $\sim p \vee (\sim q \vee r)$.

Problema 12

Si s es verdadero entonces $\sim s$ es falso entonces Q puede ser verdadero o falso.

Luego, P no es condición suficiente para Q.

Si r → ~ s es falso entonces r es verdadero y ~s es falso entonces s es verdadero.

Luego, P es condición necesaria para Q.

Problema 13

a) Sean x es un estudiante, A es el conjunto de estudiantes de la Facultad, P_x: x es argentino.

En forma simbólica: $\forall\, x \in A : P_x$

b) $\sim [\forall\, x \in A : P_x] \equiv \exists\, x \in A /\sim P_x$. Algunos estudiantes de la Facultad no son argentinos

Problema 14

Que la proposición "no vamos a la playa" sea verdadera.

Problema 15

a)Si $p \to (\sim q \vee s)$ es falsa entonces p es verdadera y $\sim q \vee s$ es falsa entonces ~q es falsa y s es falsa entonces q es verdadera y s es falsa.

b) $p \to (\sim q \vee s) \equiv \sim p \vee (\sim q \vee s)$.

Problema 16

a) Sean p: aumenta la recaudación, q: aumentan los impuestos, r: los ingresos serán mayores.

b) En forma simbólica: $(p \wedge \sim q) \to r$

c) Forma equivalente: $\sim (p \wedge \sim q) \vee r \equiv \sim p \vee q \vee r$

En forma coloquial: No aumenta la recaudación o aumentan los impuestos o los ingresos serán mayores.

Problema 17

Si r → s es verdadero entonces puede suceder que r sea verdadero y s es verdadero o r es falso y s es falso o r es falso y r es verdadero. Luego, P no es condición suficiente para q.

Si s es verdadero entonces r → s es verdadero. Luego, P es condición necesaria para Q.

Problema 18

a)Sean x es un joven, A es el conjunto de personas, P_x: x trabaja, Q_x: x es solidario.

En forma simbólica: $\exists\, x \in A \,/\, P_x \wedge Q_x$.

b) $\sim [\exists\, x \in A \,/\, P_x \wedge Q_x\,] \equiv \forall\, x \in A : \sim P_x \vee \sim Q_x$.

En forma coloquial: Todos los jóvenes no trabajan o no son solidarios.

Problema 19

 Algunos empleadores no inscriben a sus empleados en la AFIP o no les entregan el recibo de sueldo".

Problema 20

a)Sean x es un número, P_x: x es racional. En forma simbólica: $\exists\, x \in R \,/\, \sim P_x$
Es verdadero.

b) $\sim [\exists\, x \in R \,/\, \sim P_x\,] \equiv \forall\, x \in R : P_x$. Todos los números reales son racionales.

Problema 21

 p no es condición suficiente para q. Contraejemplo: Sean f(x) = x y g(x) = 2x. Dom f = Img pero f y g no son funciones inversas.

Si las funciones f y g son funciones inversas se cumple que Dom f = Im g.

Luego, p es condición necesaria para q.

Problema 22

a) Sean p: el perro se siente bien, q: el perro come, r: el perro permanece acostado

En forma simbólica: $\sim p \rightarrow (\sim q \wedge r)$

b)El perro se siente bien o, no come y permanece acostado.

Problema 23

 Los bomberos no llegaron a tiempo.

Problema 24

Sean x es una persona, P_x: x tiene nacionalidad argentina, Q_x:x es extranjero

En forma simbólica: $\exists x / P_x \wedge Q_x$.

Negación: $\sim [\exists x / P_x \wedge Q_x] \equiv \forall x / \sim P_x \vee \sim Q_x$

Problema 25

Si r es verdadera, como r$\rightarrow$q es verdadera entonces q es verdadera entonces $\sim$q es falsa entonces p es falsa.

Problema 26

a) Si $\sim r \wedge q$ es V entonces $\sim r$ y q son verdaderas entonces r es falsa y q es verdadera entonces $r \vee \sim q$ es falsa.

b) $\sim [p \rightarrow (\sim q)] \equiv \sim [\sim p \vee \sim q] \equiv p \wedge q$. Luego, son equivalentes.

c) No es cierto, todas las funciones proposicionales no son proposiciones.

d) Si sube el dólar, no hay reservas.

Problema 27

a) La expresión "Ningún asalariado que gane hasta 300.000 um brutos pagará impuesto a las ganancias" es equivalente a "Todo asalariado que gane hasta 300.000 um brutos no pagará impuesto a las ganancias".

En forma simbólica: $\forall\, x \in A : \sim P_x$, siendo x es un asalariado, A es el conjunto de asalariados que ganan hasta 300.000 um y P_x: x pagará impuesto a las ganancias

b) No es cierto que, "Algún asalariado que gane hasta 300.000 um brutos pagará el impuesto a las ganancias" es equivalente a expresar "Todo asalariado que gane hasta 300.000 um brutos no pagará el impuesto a las ganancias".
Son equivalentes.

Problema 28

a) Sean p: aumenta el precio de la carne y q: se consumirá más verdura.

En forma simbólica: $p \rightarrow q \equiv \sim p \vee q \equiv \sim q \rightarrow \sim p$

En forma coloquial. No aumenta el precio de la carne o se consumirá más verdura.

Si no se consumirá más verdura entonces no aumenta el precio de la carne.

b) Sean x es una persona, A es el conjunto de personas de 16 años, P_x: x puede votar.

En forma simbólica: $\forall\, x \in A : P_x$

$\sim [\forall\, x \in A : P_x] \equiv \exists\, x \in A / \sim P_x$

c) Si se cumple P_x entonces $|x| < 5$ entonces $-5 < x < 5$ entonces $x < 5$. Luego, P_x es condición suficiente para Q_x.

Si se cumple Q_x entonces $x < 5$ pero no implica que $-5 < x$. Luego, Q_x no es condición suficiente para P_x.

Problema 29

a)Sean x es una función, A es el conjunto de funciones exponenciales, P_x: x tiene asíntota horizontal.

En forma simbólica: $\exists\, x \in A \,/\sim P_x$.

b) Es falso, las graficas de las funciones exponenciales de la forma $y = a^x + b$ (a>0, a≠1, b∈R) tiene asíntota horizontal.

c) $\sim [\exists\, x \in A \,/\sim P_x] \equiv \forall\, x \in A : P_x$. Todas las funciones exponenciales tienen asíntota horizontal.

Problema 30

Si p es verdadera entonces pueden ser r y s verdaderas o falsas. En el caso de ser las dos falsas entonces r ∧ s es falsa. Luego, p no es condición suficiente para q.

Si q es verdadera entonces r ∧ s es verdadera entonces r y s son verdaderas y luego r→s es verdadera.

Luego, p es condición necesaria para q.

Problema 31

a)Sean x es una función, A es el conjunto de funciones logarítmicas, p_x: x tiene asíntota vertical. En forma simbólica: $\exists\, x \in A \,/\sim P_x$.

b) Es verdadera.

c) $\sim [\exists\, x \in A \,/\sim P_x] \equiv \forall\, x \in A : P_x$. Todas las funciones logarítmicas tienen asíntota vertical.

Problema 32

"José invirtió dinero en acciones de la bolsa y no obtuvo ganancias" es Verdadera entonces José invirtió dinero en acciones de la bolsa es verdadera y no obtuvo ganancias es verdadera entonces José obtuvo ganancias o José no invirtió dinero en acciones de la bolsa es falsa entonces su negación es verdadera.

EJE TEMÁTICO: ÁLGEBRA LINEAL Y APLICACIONES

Problema 1

a) $A = \begin{pmatrix} 140 & 155 & 150 \\ 160 & 130 & 155 \\ 200 & 170 & 110 \\ 100 & 120 & 115 \\ 80 & 130 & 135 \end{pmatrix}$ $\qquad B = \begin{pmatrix} 48 \\ 52 \\ 89 \end{pmatrix}$

b) $\begin{pmatrix} 140 & 155 & 150 \\ 160 & 130 & 155 \\ 200 & 170 & 110 \\ 100 & 120 & 115 \\ 80 & 130 & 135 \end{pmatrix} \begin{pmatrix} 48 \\ 52 \\ 89 \end{pmatrix} = \begin{pmatrix} 28130 \\ 28235 \\ 28230 \\ 21275 \\ 22615 \end{pmatrix}$

c) $c_{51} = 22615$ es el precio en pesos del total de carpetas color amarilla.

Problema 2

a) $\begin{array}{c} \\ N \\ L \\ E \end{array} \begin{pmatrix} G & P \\ 500 & 400 \\ 300 & 200 \\ 200 & 100 \end{pmatrix}$ es la matriz de cantidad A

$\begin{array}{c} \\ Fabricacion \\ Montaje \end{array} \begin{pmatrix} N & L & E \\ 20 & 25 & 30 \\ 1{,}5 & 2 & 2{,}5 \end{pmatrix}$ es la matriz B de horas de fabricación y montaje

b) Pagos: hora de fabricación: 15 u.m y horas de montaje 18 u.m

$$C = \begin{pmatrix} 15 & 18 \end{pmatrix} \begin{pmatrix} 20 & 25 & 30 \\ 1{,}5 & 2 & 2{,}5 \end{pmatrix} = \begin{pmatrix} 327 & 161 & 495 \end{pmatrix}$$

Cada elemento de C representa el costo total por fabricación y montaje de **cada unidad** discriminada según terminación: N, L y E.

Por tanto el costo total por todas las unidades producidas de todas las terminaciones, de cada acumulador G y P, es: CT

$$CT = \begin{pmatrix} 327 & 161 & 495 \end{pmatrix} \begin{pmatrix} 500 & 400 \\ 300 & 200 \\ 200 & 100 \end{pmatrix} = \begin{pmatrix} 310800 & 212500 \end{pmatrix}$$

Problema 3

x: cantidad de dinero invertido en empresa A

y: cantidad de dinero invertido en empresa B

z: cantidad de dinero invertido en empresa C

$$\begin{cases} x + y + z = 300000 \\ x = y + z \\ 0.05x + 0.03y + 0.10z = 15500 \end{cases}$$

Resolviendo el sistema se obtiene: x = 150000; y = 100000; z = 50000

Luego en la empresa A invirtió \$150000, en la empresa B \$100000 y en la C \$50000.

Problema 4

Organizamos datos matricialmente:

$$\begin{array}{c} \\ carga \\ recorrido \end{array} \begin{array}{cccc} M & m & p & total \\ \begin{pmatrix} 15000 & 10000 & 5000 \\ 400 & 300 & 100 \end{pmatrix} & & & \begin{array}{l} 475000\ kg \\ 12500\ km \end{array} \end{array}$$

Siendo, x, y, z la cantidad de camiones de tamaño M, m y p respectivamente.

Modelizando:

$$\begin{cases} x + y + z = 60 \\ 15000x + 10000y + 5000z = 475000 \\ 400x + 300y + 100z = 12500 \end{cases}$$

Se obtiene: x = 5, y = 25, z = 30

La empresa gestiona 5 camiones mayores, 25 medianos y 30 pequeños.

Problema 5

$A^{-1} = \begin{pmatrix} 1 & 2 \\ 2 & 1 \end{pmatrix}$ y $(AB)^{-1} = \begin{pmatrix} 3 & 1 \\ 1 & 2 \end{pmatrix}$

$(AB)^{-1} = B^{-1} A^{-1} \Rightarrow B^{-1} A^{-1} = \begin{pmatrix} 3 & 1 \\ 1 & 2 \end{pmatrix} \Rightarrow B^{-1}A^{-1}A = \begin{pmatrix} 3 & 1 \\ 1 & 2 \end{pmatrix}A \Rightarrow B^{-1} = \begin{pmatrix} 3 & 1 \\ 1 & 2 \end{pmatrix}A \Rightarrow$

$(B^{-1})^{-1} = (\begin{pmatrix} 3 & 1 \\ 1 & 2 \end{pmatrix}A)^{-1} \Rightarrow B = A^{-1} \begin{pmatrix} 3 & 1 \\ 1 & 2 \end{pmatrix}^{-1} \Rightarrow$

$B = \begin{pmatrix} 1 & 2 \\ 2 & 1 \end{pmatrix} \begin{pmatrix} \dfrac{2}{5} & -\dfrac{1}{5} \\ -\dfrac{1}{5} & \dfrac{3}{5} \end{pmatrix} = \begin{pmatrix} 0 & 1 \\ \dfrac{3}{5} & \dfrac{1}{5} \end{pmatrix}$

Problema 6

a) El enunciado es Falso pues, por teorema integrador si el determinante de la matriz coeficiente es distinto de cero el sistema es compatible determinado.

b) El enunciado es Falso pues al multiplicar: $C_{1\times3} \, (D_{3\times1})^{t}$ el número de columnas de C coincide con el número de filas de D^{t} y por lo tanto el producto es posible.

c) El enunciado es Falso pues el rango de una matriz se determina con la cantidad de filas no nulas de su forma escalonada reducida, por lo tanto puede ser 3, 2 o 1.

d) El enunciado es Verdadero pues por el teorema integrador si $|A| = 0$ se puede asegurar que el sistema no es compatible determinado, es decir que puede ser indeterminado o incompatible, como otra hipótesis del enunciado es que el sistema es compatible, entonces la posibilidad que queda es que resulte compatible indeterminado y para este caso por el mismo teorema se cumple que $r(A) = r(A')$ y menor que el número de incógnitas.

Problema 7

a)
$$\begin{array}{cc} G & P \end{array}$$
$$\begin{array}{c} A \\ B \\ C \end{array}\begin{pmatrix} 1000 & 8000 \\ 8000 & 6000 \\ 4000 & 6000 \end{pmatrix} \qquad \begin{array}{c} G \\ P \end{array}\begin{pmatrix} 16 & 6 \\ 12 & 4 \end{pmatrix}$$

b)
$$\begin{pmatrix} 1000 & 8000 \\ 8000 & 6000 \\ 4000 & 6000 \end{pmatrix}\begin{pmatrix} 16 & 6 \\ 12 & 4 \end{pmatrix} = \begin{pmatrix} 112000 & 38000 \\ 200000 & 72000 \\ 136000 & 48000 \end{pmatrix}$$

Problema 8

Sea x, y, z las cantidades de películas infantiles, ficción y terror respectivamente.

Modelizando:

$$\begin{cases} 0.60x + 0.50y = 0.30(x + y + z) \\ 0.20x + 0.60y + 0.60z = 0.50(x + y + z) \\ y = x + 100 \end{cases}$$

$$\begin{cases} 0.30x + 0.20y - 0.30z = 0 \\ 0.30x - 0.10y - 0.10z = 0 \\ x - y = -100 \end{cases}$$

Luego, se obtiene: x = 500; y = 600; z = 900

Por lo tanto hay: 500 películas infantiles, 600 de ficción y 900 de terror

Problema 9

$$\begin{pmatrix} 1200 \\ 550 \end{pmatrix}\begin{pmatrix} 15 & 30 \end{pmatrix} = 1200.15 + 550.30 = 34500$$

El gasto mensual total de la empresa es de $34500

Problema 10

$a_{23} = 40$ representa el consumo de leche de la familia 2 (de la fila 2)

$b_{32} = 9$ u.m, es el precio de las gaseosas en noviembre de 2016

$$A \cdot B^t = \begin{pmatrix} 20 & 40 & 25 \\ 30 & 25 & 40 \\ 15 & 50 & 30 \end{pmatrix} \begin{pmatrix} 5 & 5 & 6 \\ 6 & 7 & 9 \\ 4 & 5 & 6 \end{pmatrix} = \begin{pmatrix} 440 & 505 & 630 \\ 460 & 525 & 645 \\ 495 & 575 & 720 \end{pmatrix}$$

Cada elemento de $A \cdot B^t$ representa el gasto en cada una de las tres bebidas de cada familia en cada uno de los meses indicados.

Problema 11

Sea x, y , z la cantidad de científicos de cada grupo A, B y C respectivamente.

$$\begin{cases} x + y + z = 100 \\ 20000x + 8000y + 10000z = 1360000 \\ 8000y = \dfrac{1}{5}20000x \end{cases}$$

Resolviendo el sistema se obtiene: S= {(40, 20, 40)}

Por lo tanto los grupos A y C tienen 40 científicos y el grupo B tiene 20.

Problema 12

Costo proveedor 1:

$$\begin{pmatrix} 8 & 4 & 12 \\ 10 & 6 & 4 \\ 7 & 8 & 5 \\ 11 & 7 & 9 \end{pmatrix} \begin{pmatrix} 50 \\ 136 \\ 80 \end{pmatrix} = \begin{pmatrix} 1904 \\ 1636 \\ 1838 \\ 2222 \end{pmatrix}$$

Sumando los gastos de cada semana, el gasto total en las 4 semanas es: 7600

$$\begin{pmatrix} 8 & 4 & 12 \\ 10 & 6 & 4 \\ 7 & 8 & 5 \\ 11 & 7 & 9 \end{pmatrix} \begin{pmatrix} 55 \\ 127 \\ 79 \end{pmatrix} = \begin{pmatrix} 1896 \\ 1680 \\ 1796 \\ 2205 \end{pmatrix}$$

Sumando los gastos de cada semana, el gasto total en las 4 semanas es: 7577

Por lo tanto conviene comprar la proveedor 2.

Problema 13

Por el teorema integrador enunciados equivalentes al dado son:

- A es una matriz inversible.
- El determinante de la matriz A es distinto de cero.
- Cualquier Forma de Gauss de A es una matriz triangular superior unitaria.
- La Forma escalonada por renglones reducida de la matriz A es la matriz identidad I de orden nxn.
- El rango de la matriz A es n.
- El sistema $AX = B$ es compatible determinado.
- El sistema $AX = 0$ es compatible determinado. Su única solución es la trivial $(X = 0)$

Problema 14

a) $\begin{vmatrix} 1 & 1 & 1 \\ 1 & 2 & 2 \\ 1 & 2 & 3 \end{vmatrix} = 1(6-4)-1(3-2)+1(2-2)=1$

b) $(B^{-1})^{-1} = B = \begin{pmatrix} 2 & 0 \\ 0 & 1 \end{pmatrix}$ luego $B^{-1} = \begin{pmatrix} 1/2 & 0 \\ 0 & 1 \end{pmatrix}$

c) $CX - 2X = C \Rightarrow (C-2I)X = C \Rightarrow X = (C-2I)^{-1} C = \begin{pmatrix} -2 & -1 \\ 2 & -1 \end{pmatrix}^{-1} \begin{pmatrix} 0 & -1 \\ 2 & 1 \end{pmatrix} =$

$\begin{pmatrix} -1/4 & 1/4 \\ -1/2 & -1/2 \end{pmatrix} \begin{pmatrix} 0 & -1 \\ 2 & 1 \end{pmatrix} = \begin{pmatrix} 1/2 & 1/2 \\ -1 & 0 \end{pmatrix}$

Problema 15

a) $\begin{pmatrix} 9 & 5 & 4 & 7 \\ 5 & 6 & 8 & 3 \end{pmatrix}$ $\begin{pmatrix} 10 & 6 & 5 & 1 \\ 4 & 7 & 6 & 5 \end{pmatrix}$

b) $\begin{pmatrix} 9 & 5 & 4 & 7 \\ 5 & 6 & 8 & 3 \end{pmatrix} + \begin{pmatrix} 10 & 6 & 5 & 1 \\ 4 & 7 & 6 & 5 \end{pmatrix} = \begin{pmatrix} 19 & 11 & 9 & 8 \\ 9 & 13 & 14 & 8 \end{pmatrix}$

$c_1)$ $\begin{pmatrix} 1200000 \\ 750000 \\ 920000 \\ 1150000 \end{pmatrix}$ es la matriz precio

$c_2)$ $\begin{pmatrix} 9 & 5 & 4 & 7 \\ 5 & 6 & 8 & 3 \end{pmatrix} \cdot \begin{pmatrix} 1200000 \\ 750000 \\ 920000 \\ 1150000 \end{pmatrix} = \begin{pmatrix} 26280000 \\ 21310000 \end{pmatrix}$ en la concesionaria Zeta

$\begin{pmatrix} 10 & 6 & 5 & 1 \\ 4 & 7 & 6 & 5 \end{pmatrix} \begin{pmatrix} 1200000 \\ 750000 \\ 920000 \\ 1150000 \end{pmatrix} = \begin{pmatrix} 22250000 \\ 21320000 \end{pmatrix}$ en la concesionaria Gamma

$C_3)$

$\begin{pmatrix} 26280000 \\ 21310000 \end{pmatrix} + \begin{pmatrix} 22250000 \\ 21320000 \end{pmatrix} = \begin{pmatrix} 48530000 \\ 42630000 \end{pmatrix}$ en las dos concesionarias

Otra estrategia para calcular lo recaudado en total en las dos concesionarias

$$\begin{pmatrix} 19 & 11 & 9 & 8 \\ 9 & 13 & 14 & 8 \end{pmatrix} \begin{pmatrix} 1200000 \\ 750000 \\ 920000 \\ 1150000 \end{pmatrix} = \begin{pmatrix} 48530000 \\ 42630000 \end{pmatrix}$$

Problema 16

a) $A = \begin{pmatrix} 2 & 8 \\ 0.5 & -2 \\ 3 & 12 \\ 10 & 40 \end{pmatrix}$ y su forma escalonada reducida es: $\begin{pmatrix} 1 & 4 \\ 0 & 0 \\ 0 & 0 \\ 0 & 0 \end{pmatrix}$ por tanto su

rango es 1. Por lo tanto el enunciado es falso

b) $AX - 4X = 3 - 4A \Rightarrow AX - 4X = 3I - 4A \Rightarrow (A-4I)X = 3I - 4A \Rightarrow X = (A-4)^{-1}$

$(3I - 4A) \Rightarrow X = (A-4I)^{-1}(-4A+3I)$ por lo tanto el enunciado es verdadero.

c) $C = \begin{pmatrix} 1 & 3 & 3 & 3 \\ & 1 & 3 & 3 \\ & & 1 & 3 \end{pmatrix}$ no es triangular superior unitaria pues en el enunciado

no se especifica que los elementos c_{ij} donde $i > j$ son todos ceros, estos elementos pueden tomar cualquier valor. Por lo tanto el enunciado es falso.

Problema 17

Sean x_1: la cantidad de horas diarias

X_2: la cantidad de metros de telas que se producen por día

Entonces $X = \begin{pmatrix} x_1 \\ x_2 \end{pmatrix}$

$G = \begin{pmatrix} 1000 \\ 800 \end{pmatrix}$ siendo g_{ij} la ganancia obtenida por la primera y segunda respectivamente

$I = \begin{pmatrix} 600 & 0 \\ 0 & 800 \end{pmatrix}$ siendo i_{ij} el precio de venta de las telas producidas por la maquina 1 (columna 1) y maquina 2 (columna 2)

$C = \begin{pmatrix} 500 & 0 \\ 0 & 600 \end{pmatrix}$ siendo c_{ij} el costo de producción por metro tela de cada máquina (maquina 1 (columna 1) y maquina 2 (columna 2))

Luego: $\qquad$ **(I-C) X = G**

$\left(\begin{pmatrix} 600 & 0 \\ 0 & 800 \end{pmatrix} - \begin{pmatrix} 500 & 0 \\ 0 & 600 \end{pmatrix}\right) \begin{pmatrix} x_1 \\ x_2 \end{pmatrix} = \begin{pmatrix} 1000 \\ 800 \end{pmatrix} \Rightarrow \begin{pmatrix} 100 & 0 \\ 0 & 200 \end{pmatrix} \begin{pmatrix} x_1 \\ x_2 \end{pmatrix} = \begin{pmatrix} 1000 \\ 800 \end{pmatrix}$

Luego: $100\, x_1 = 1000$ y $200 x_2 = 800 \Rightarrow x_1 = 10$ y $x_2 = 4$

Es decir que para obtener dicha ganancia se deben trabajar 10 horas diarias y producir 4 metros por dia.

Problema 18

$C = \begin{pmatrix} 5 & 20 \\ 8 & 10 \end{pmatrix}$ es la matriz "Cantidad" donde en la primera columna se representan las cantidades de kg de carne en la segunda columna la cantidad de litros de bebidas. La primera fila son cantidades de Lucas y la segunda fila de José.

$P = \begin{pmatrix} 120 & 115 & 100 \\ 15 & 17 & 20 \end{pmatrix}$ es la matriz de "Precio" donde los valores de la primer fila representan precios de la carne en cada uno de los tres supermercados y cada valor de la segunda fila representas los precios del litro de bebida en cada uno de los tres supermercados. Cada columna representa un supermercado.

Luego: Gasto total (G) = C.P = $\begin{pmatrix} 5 & 20 \\ 8 & 10 \end{pmatrix} \cdot \begin{pmatrix} 120 & 115 & 100 \\ 15 & 17 & 20 \end{pmatrix} = \begin{pmatrix} 900 & 915 & 900 \\ 1110 & 1090 & 1000 \end{pmatrix}$

Por lo tanto a Lucas le conviene comprar en el supermercado 1 o 3 y a José en el supermercado 3.

Problema 19

Siendo, M = A⁻¹.C

a) el mensaje es: **HACIENDO CRIPTOGRAFIA**

b) el mensaje es: **CIENCIAS ECONOMICAS**

Problema 20

$M = A^{-1} C$ luego $C = AM$

$M = \begin{pmatrix} 5 & 21 & 28 & 5 & 3 \\ 20 & 1 & 3 & 19 & 1 \end{pmatrix}$

Si $A^{-1} = \begin{pmatrix} 1 & -1 \\ 0 & 1 \end{pmatrix} \Rightarrow A = \begin{pmatrix} 1 & 1 \\ 0 & 1 \end{pmatrix}$

Luego $C = A\,M = \begin{pmatrix} 1 & 1 \\ 0 & 1 \end{pmatrix} \begin{pmatrix} 5 & 21 & 28 & 5 & 3 \\ 20 & 1 & 3 & 19 & 1 \end{pmatrix} = \begin{pmatrix} 25 & 22 & 31 & 24 & 4 \\ 20 & 1 & 3 & 19 & 1 \end{pmatrix}$

Problema 21

a) $p_{23} = 0.05$ representa la probabilidad de cambiar de la marca 3 a la marca 2

b) Sean X_2 el vector de estados del segundo mes:

$$X_2 = P^2 X_0 = \begin{pmatrix} 0.80 & 0.03 & 0.20 \\ 0.10 & 0.95 & 0.05 \\ 0.10 & 0.02 & 0.75 \end{pmatrix} \begin{pmatrix} 0.80 & 0.03 & 0.20 \\ 0.10 & 0.95 & 0.05 \\ 0.10 & 0.02 & 0.75 \end{pmatrix} \begin{pmatrix} 0.45 \\ 0.25 \\ 0.30 \end{pmatrix} \cong \begin{pmatrix} 0.406 \\ 0.339 \\ 0.255 \end{pmatrix}$$

c) Condición de equilibrio: $\begin{cases} PX = X \\ x_1 + x_2 + x_3 = 1 \end{cases}$

$$\begin{pmatrix} 0.80 & 0.03 & 0.20 \\ 0.10 & 0.95 & 0.05 \\ 0.10 & 0.02 & 0.75 \end{pmatrix} \begin{pmatrix} x_1 \\ x_2 \\ x_3 \end{pmatrix} = \begin{pmatrix} x_1 \\ x_2 \\ x_3 \end{pmatrix}$$

$$\begin{cases} -0.20x_1 + 0.03x_2 + 0.20x_3 = 0 \\ 0.10x_1 - 0.05x_2 + 0.05x_3 = 0 \\ 0.10x_1 + 0.02x_2 - 0.25x_3 = 0 \\ x_1 + x_2 + x_3 = 1 \end{cases}$$

Resolviendo el sistema se obtiene: $x_1 = 23/97; \quad x_2 = 60/97; \quad x_3 = 14/97$

Por lo tanto es sistema tiene equilibrio: A medida que transcurre el tiempo el mercado se estabiliza particionandose en **23/97 ; 60/97 y 14/97** cada marca.

Problema 22

a) a_{3j} representan los pagos del jugador representado en las filas si decide optar por la opción (o estrategia) 3: 5; -2; -4

$a_{21}= 2$ es el pago que recibe el jugador fila si decide elegir la opción 2 mientras el jugador columna elige la opción1.

b) Al ser un juego de suma cero es posible aplicar estrategias de maximin y maximan

```
                            Maximin
        -3   -2    6        -3
         2    1    2         1
         5   -2   -4        -4
Minimax  5    1    6
```

La solución es (1 ; -1) que significa que el jugador fila y el jugador columna al optar por la estrategia 2, tienen pagos de 1 y -1 unidades monetarias.

c) (1 ; -1) es un equilibrio de Nash porque si cambian de decisión pierden. El jugador fila pasa de ganar 1 a perder 2 y el jugador columna cambiaría de perder -1 a -2.

Problema 23

a)

	B cumple el acuerdo	B no cumple el acuerdo
A cumple el acuerdo	50 50	60 -40
A no cumple el acuerdo	-40 60	0 0

b) Aplicando la técnica de estrategias dominantes se observa que la decisión de no cumplir el acuerdo domina a la de cumplir y por lo tanto (0, 0) es la solución del juego y representa un **equilibrio de Nash.**

Problema 24

a) La matriz de cambio de estados es:

	Empresa AA	Empresa BB
Empresa AA	0,60	0,70
Empresa BB	0,40	0,30

b) Vector Actual: $X_0 = \begin{pmatrix} 1 \\ 0 \end{pmatrix}$

Luego: $X_2 = \begin{pmatrix} 0.60 & 0.70 \\ 0.40 & 0.30 \end{pmatrix}^2 \begin{pmatrix} 1 \\ 0 \end{pmatrix} = \begin{pmatrix} 0.64 \\ 0.36 \end{pmatrix}$

El 64% de los usuarios volverán a contratar la empresa AA después de 2 meses.

c) Condición de equilibrio: $\begin{cases} PX = X \\ x_1 + x_2 = 1 \end{cases}$

$\begin{pmatrix} 0.60 & 0.70 \\ 0.40 & 0.30 \end{pmatrix} \begin{pmatrix} x_1 \\ x_2 \end{pmatrix} = \begin{pmatrix} x_1 \\ x_2 \end{pmatrix}$ y $x_1 + x_2 = 1$

$$\begin{cases} -0.40x_1 + 0.70x_2 = 0 \\ 0.40x_1 - 0.70x_2 = 0 \\ x_1 + x_2 = 1 \end{cases}$$

Resolviendo, por método de reducción de filas se obtiene: $\begin{pmatrix} 1 & 0 & 7/11 \\ 0 & 1 & 4/11 \\ 0 & 0 & 0 \end{pmatrix}$

Por lo tanto el sistema tiene equilibrio. A medida que transcurre el tiempo la cantidad de usarios que contrata la empresa AA es 7/11 del total y los que contratan la empresa BB es el 4/11 del total.

Problema 25

a) El par (0; 2500) indica que si Delta se decide por Pa su ingreso por pasaje es $0 y si American decide por Pb su ingreso es de $2500.

b) Si ambas empresas deciden de común acuerdo obtener mayores ingresos, es decir que son optimistas, deben aplicar técnicas de dominancia o mejor respuesta y el resultado que se obtiene es:

		American	
		Pa	Pb
Delta	Pa	(3600;3600)	(0; 2500)
	Pb	(2500 ; 0)	(1800;1800)

Se obtienen dos soluciones: (3600; 3600) y (1800;1800) y ambas representan un equilibrio de Nash dado que si cambian de decisión empeoran su situación ya que sus ingresos son menores.

Problema 26

a) 0.15 indica que el 15% de las farmacias que elegian B en un mes, al mes siguiente elegirán A.

b) $X_4 = \begin{pmatrix} 0.80 & 0.15 \\ 0.20 & 0.85 \end{pmatrix}^4 \begin{pmatrix} 0.30 \\ 0.70 \end{pmatrix} \cong \begin{pmatrix} 0.40 \\ 0.60 \end{pmatrix}$

Por lo tanto, las preferencias del grupo de farmacias son 40%, 60% para los laboratorios A y B, respectivamente, dentro de 4 meses.

c) **Condición de equilibrio:** $\begin{cases} PX = X \\ x_1 + x_2 = 1 \end{cases}$

$\begin{pmatrix} 0.80 & 0.15 \\ 0.20 & 0.85 \end{pmatrix} \begin{pmatrix} x_1 \\ x_2 \end{pmatrix} = \begin{pmatrix} x_1 \\ x_2 \end{pmatrix}$ y $x_1 + x_2 = 1$

$\begin{cases} -0.20x_1 + 0.15x_2 = 0 \\ 0.20x_1 - 0.15x_2 = 0 \\ x_1 + x_2 = 1 \end{cases}$

Resolviendo, por método de reducción de filas se obtiene: $\begin{pmatrix} 1 & 0 & 3/7 \\ 0 & 1 & 4/7 \\ 0 & 0 & 0 \end{pmatrix}$

Por lo tanto el sistema tiene equilibrio. A medida que transcurre el tiempo la cantidad de farmacias que elige el laboratorio A es 3/17 del total y los que prefieren el laboratorio B es el 4/11 del total.

Problema 27

Si la combinación de estrategias (B, L) es equilibrio de nash, los pagos son (a; b) donde el pago **a**, del jugador fila, debe ser mayor que los pagos que recibiría se opta por las otras estrategias: a>2 y a>4, es decir **a>4. Análogamente, el pago del jugador columna es b >1 para que resulte equilibrio de Nash.**

Problema 28

Aplicando, técnicas de mejor respuesta:

$$\begin{pmatrix} 3,4 & 1,2 & 2,3 \\ 1,3 & 0,2 & 3,0 \end{pmatrix}$$

Por lo tanto la solución es la combinación de estrategias que genera los pagos (3;4) esto es el jugador fila obtiene un beneficio de 3 u. m. y el jugador columna obtiene un beneficio de 4 u. m.

Problema 1

a) $45.x + 75.y = 2700$

b) $y = 36 - 0,6x$.

Si $x = 40 \rightarrow y = 36 - 0,6.40 \rightarrow y = 12$

Si adquiere 40 unidades del bien A, solo puede adquirir 12 unidades del bien B.

c) Si el precio del bien A disminuye un 20% se obtiene: $45 - 45.0,2 = 36$

Luego la expresión que corresponde a la nueva línea de presupuesto es: $36.x + 75.y = 2700$

d)

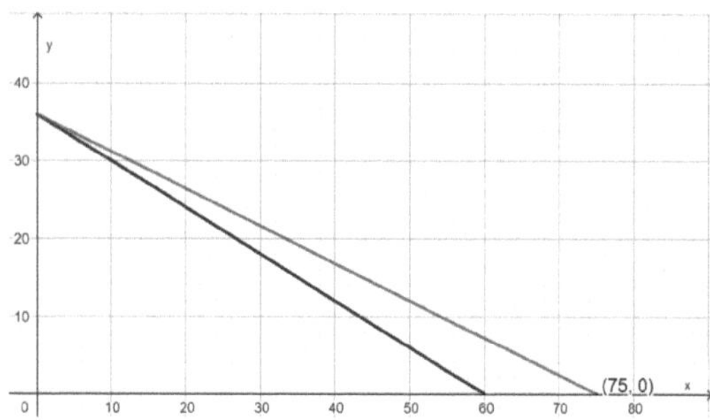

Problema 2

a) Falso porque la función f no corta al eje y dado que su dominio es el conjunto $(2 , +\infty)$.

b) Falso pues la inversa de f es $f^{-1}(x) = 2/(x - 3)$.

c) Verdadero pues $(fog)(x) = f(x^3) = 3x^3 + 2$.

d) Falso pues el rango de f es el conjunto $(-1, +\infty)$.

Problema 3

a)

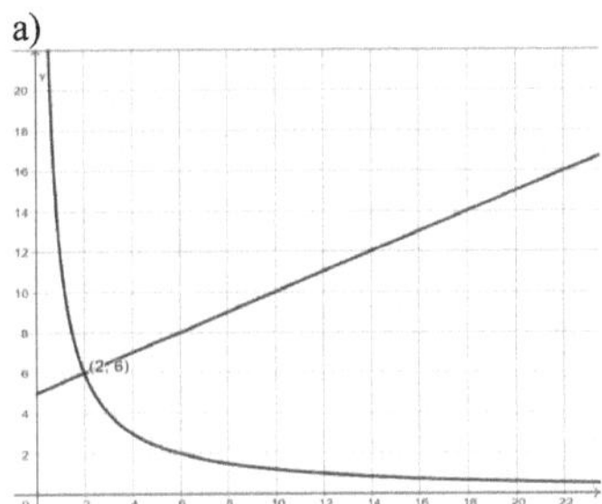

El punto de equilibrio es P =(2,6)

b) Siendo O: $p = (½) x+5$ y   D: $p = 12/x$ calculamos la cantidad ofrecida y la cantidad demanda para $p = 9$.

$9 = 0{,}5x_o + 5$ $\longrightarrow$ $x_o = 8$

$9 = 12/x_d$ $\longrightarrow$ $x_d \cong 1{,}33$

Hay exceso de oferta pues $x_o > x_d$

Problema 4

a) $25x - 125 > 1000$ $\longrightarrow$ $x > 45$

Cuando se producen y venden más de 45 unidades se obtiene una utilidad superior a \$1.000.

b) $I(x) = 120.x$; $C(x) = I(x) - U(x)$ $\longrightarrow$ $C(x) = 95.x + 125$

c) $U(x) = 0$ $\longrightarrow$ $x = 5$ es la cantidad de equilibrio. $I(5) = 600$

Luego el punto de equilibrio Costo-Ingreso es (5 , 600).

Problema 5

a) De los datos dados obtenemos la pendiente $m_d =12/(-20) = -3/5$ y la abscisa al origen (120, 0). Como la demanda es lineal, con la pendiente y el punto, obtenemos la expresión de la función $p = -\dfrac{3}{5} (q - 120)$

b) $I(q) = p.q \;\rightarrow\; I(q) = \left(72 - \dfrac{3}{5}q\right)q \;\rightarrow\; I(q) = 72.q - \dfrac{3}{5}q^2$

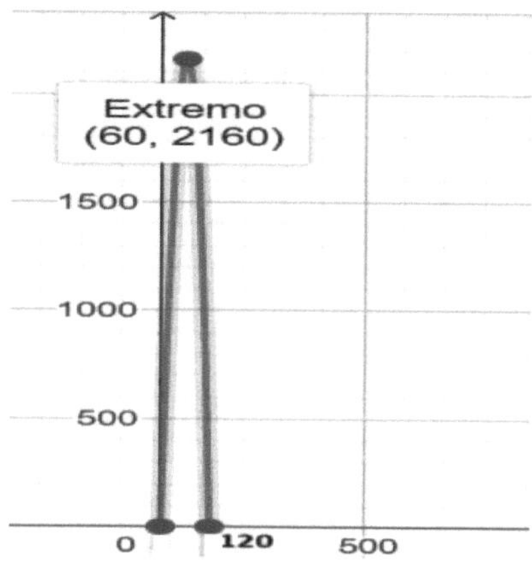

Problema 6

Función	Dominio	Imagen	Asíntota	Intersección eje x	Intersección eje y
$f(x) = 3^{x+2} - 3$	R	$(-3\,,\,+\infty)$	$y = -3$	$(-1\,,\,0)$	$(0\,,\,6)$
$g(x) = \log_3(x + 9)$	$(-9\,,\,+\infty)$	R	$x = -9$	$(-8\,,\,0)$	$(0\,,\,2)$

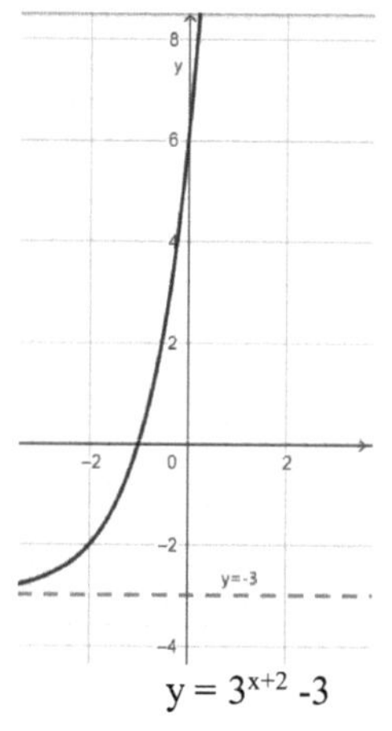

$y = 3^{x+2} - 3$

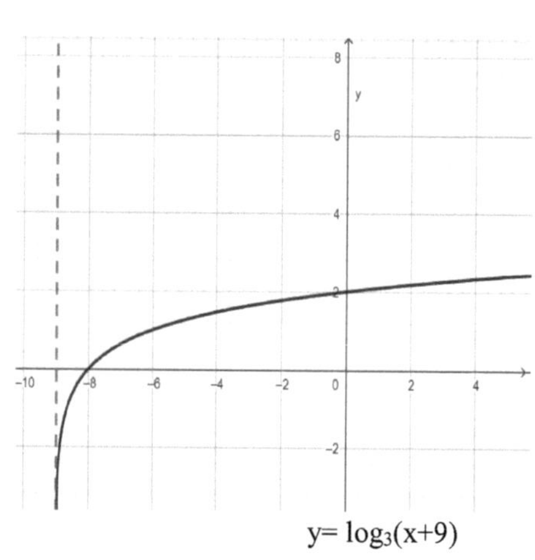

$y = \log_3(x+9)$

Problema 7

a) El enunciado es verdadero pues la función g tiene asíntota vertical x=1 y asíntota horizontal y=2.

b) El enunciado es verdadero pues:

$$y = \left(\tfrac{1}{2}\right)^{x-1} \quad \rightarrow \quad log_{1/2}y = x - 1 \quad \rightarrow \quad log_{1/2}y + 1 = x \quad \rightarrow \quad y = $$

$log_{1/2}x + 1$ es la función inversa de f la cual es la función h.

c) El enunciado es falso pues el dominio de h es el conjunto R^+.

d) El enunciado es verdadero pues es una función exponencial con base menor que 1.

e) El enunciado es falso pues la gráfica de la función g se obtiene a partir de la gráfica de la función y = 1/x realizando dos traslaciones, una horizontal (1 unidad a la derecha) y otra vertical (2 unidades arriba).

f) El enunciado es falso pues el Conjunto Imagen de g es $R - \{2\}$.

Problema 8

a) Sean p el precio unitario del producto y q la cantidad ofrecida y demandada. La función de oferta se obtiene de la siguiente manera:

$$p = mq + 10, m > 0 \quad \rightarrow \quad 28 = m.\,104 + 10 \quad \rightarrow \quad m = \frac{18}{104} = \frac{9}{52}$$

Luego, con m > 0, la función oferta es $p = \dfrac{9}{52}q + 10$

Para hallar la función de demanda tenemos dos puntos: $(300, 0)$ y $(104, 28)$

$$p - p_0 = m(q - q_0),\ con\ m < 0 \quad p = -\frac{28}{196}(q - 300) \quad \rightarrow \quad p = -\frac{1}{7}q + \frac{300}{7}$$

Luego, la función de demanda es $p = -\dfrac{1}{7}q + \dfrac{300}{7}$

b)

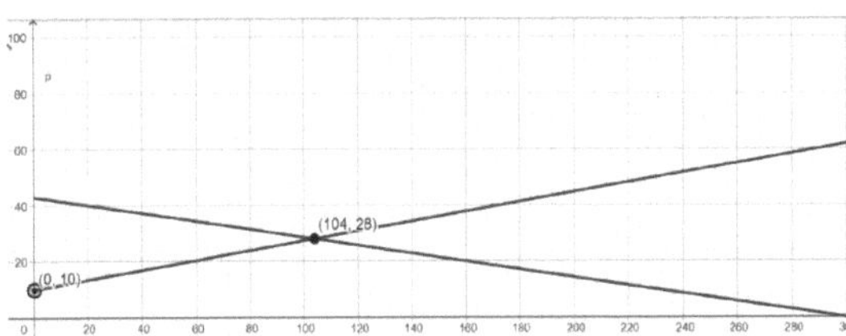

c) Si p =16, la cantidad ofrecida es de 35 unidades, aproximadamente, y la cantidad demandada 188 unidades. Luego, hay exceso de demanda de 153 unidades aproximadamente.

d) La función de oferta es $p = \frac{9}{52}q + 11$ y su gráfica se traslada una unidad hacia arriba con respecto a la gráfica de $p = \frac{9}{52}q + 10$

Problema 9

a) $D_f = (0, +\infty)$; $CI_f = R$

Intersección con el eje x: (1/4 , 0)

No tiene intersección con el eje y.

Asíntota vertical $x = 0$.

b) Para hallar la función inversa despejamos x en la función dada y luego cambiamos las variables, obteniendo $y = 2^{x-2} \rightarrow f^{-1}(x) = 2^{x-2}$

$Df^1 = R$; $CIf^1 = (0 , +\infty)$

No tiene intersección con el eje x.

Intersección con el eje y: $(0 , ¼)$

Asíntota horizontal $y = 0$.

c) $(f o f^{-1})(x) = f(2^{x-2}) = log_2 2^{x-2} + 2 = x - 2 + 2 = x$

$(f^{-1} o f)(x) = f^{-1}(log_2 x + 2) = 2^{(log_2 x + 2) - 2} = x$

Problema 10

I)Funcion	Dominio	Imagen	Intersección eje x	Intersección eje y	Asíntota vertical	Asíntota horizontal
$f(x) = \dfrac{x-3}{x-4}$	R-{4}	R-{1}	(3 , 0)	(0 , ¾)	x = 4	y = 1
$f^{-1}(x) = \dfrac{4x-3}{x-1}$	R-{1}	R-{4}	(3/4 , 0)	(0 , 3)	x = 1	y = 4

II)

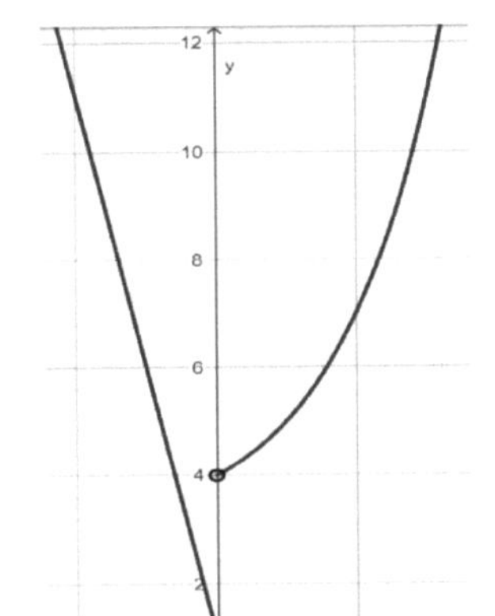

$$f(x) = \begin{cases} 1 - 5x & si \quad x \leq 0 \\ 2^x + 3 & si \quad x > 0 \end{cases}$$

Dominio = R   Imagen = $[1 , +\infty)$

f(0) = 1   f(-1) = 6

¿Existe f^{-1}?   ¿Tiene asíntotas?

No porque f no es una   No
función biyectiva.

Problema 11

a)

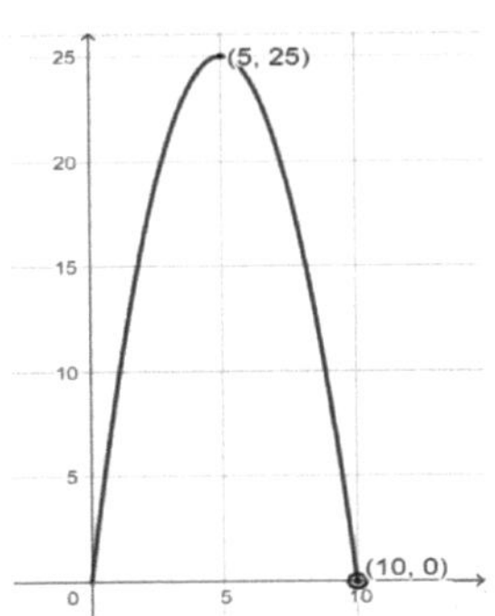

b) I(8) = 16. Tiene un ingreso de $16000.

c) $10.x - x^2 = 21 \longrightarrow x = 3 \ \lor \ x = 7$. Se deben vender 3 o 7 productos.

d) 5 productos.

e) I(5) = 25. El ingreso máximo es de $25000.

Problema 12

a) $135\,x + 225\,y = 8100 \quad \rightarrow \quad y = \dfrac{8100 - 135x}{225} \quad \rightarrow \quad y = -\dfrac{3}{5}x + 36$

Si $\;x = 40 \;\rightarrow\; y = 12$, por lo tanto no se pueden adquirir 40 u de A y 15 u de B.

b) $108\,x + 225\,y = 8100$

c)

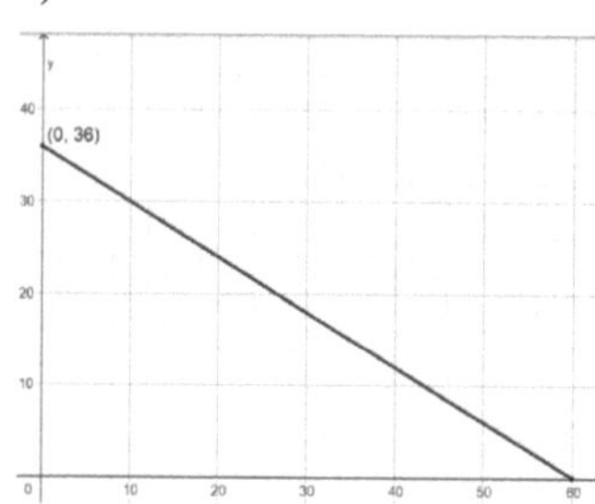

Problema 13

I) a) $D = R \;\;;\;\; CI = (-\infty, 2] \;\;;\;\; AH: y = -3 \;\;;\;\; (3, 0)$ y $(0, -8/3)$

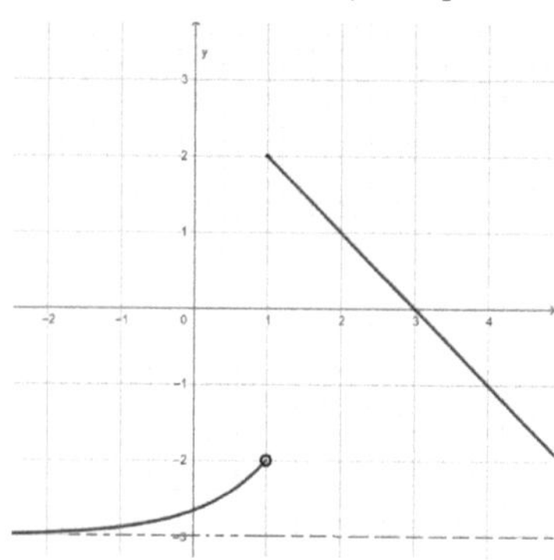

b) No es inyectiva pues distintos elementos del dominio tienen la misma imagen.

II) a) La función de oferta es $y = 1 + (1/3)\,x$ y   la de demanda $y = \dfrac{30}{x+6} - 2$

b) Demanda máxima: 9 unidades, precio máximo: \$3, precio mínimo \$1 y el punto de equilibrio del mercado es (2.10, 1.70) valores aproximados.

c)

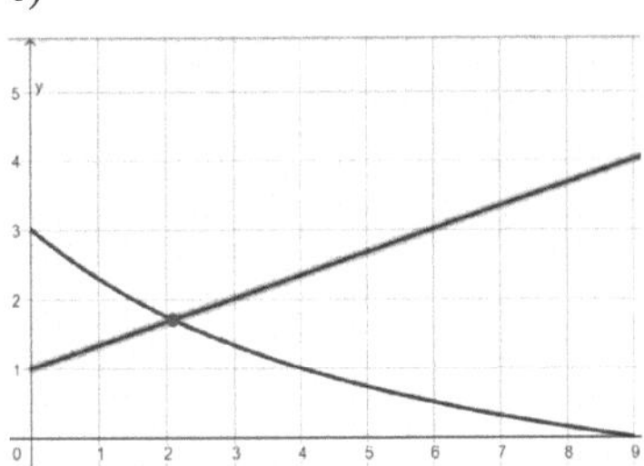

d) Si se fija un precio de \$1 hay exceso de demanda pues para ese precio la cantidad ofrecida es cero. La cantidad demandada para ese precio es de 4 unidades y por lo tanto es el exceso. Significa que se demandan 4 unidades más de las que se ofrecen.

Problema 14
I)

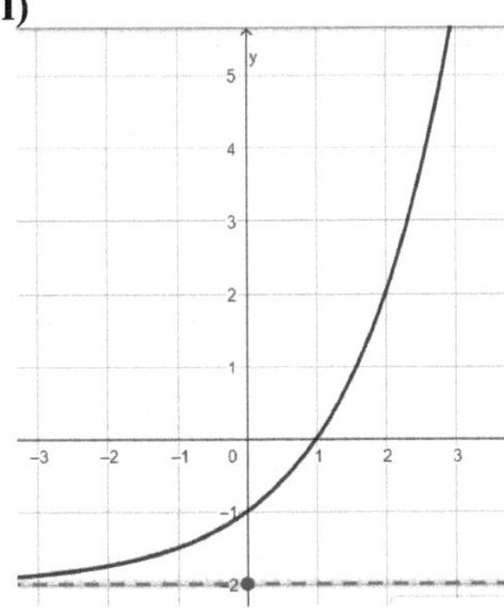

a) Completa el siguiente cuadro

Dominio	R
Imagen	$(-2 , +\infty)$
Intersección eje x	$(1 , 0)$
Intersección eje y	$(0 , -1)$
Ecuación de la asíntota	$y = -2$

b)

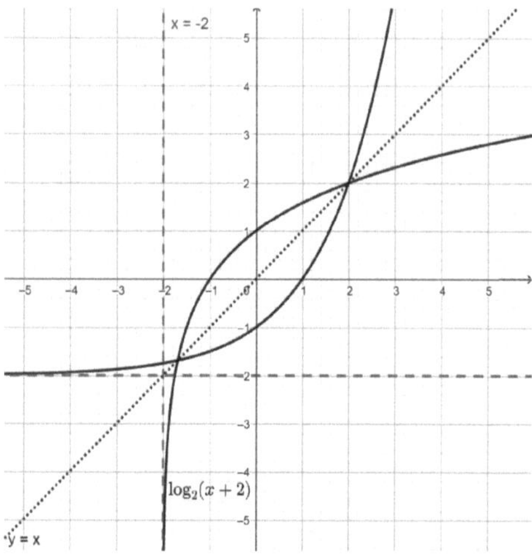

II) La gráfica b) corresponde a la función del ítem 1).

La gráfica del ítem a) corresponde a la función del ítem 2).

La gráfica de ítem c) corresponde a la función del ítem 3).

Problema 15

I) a)

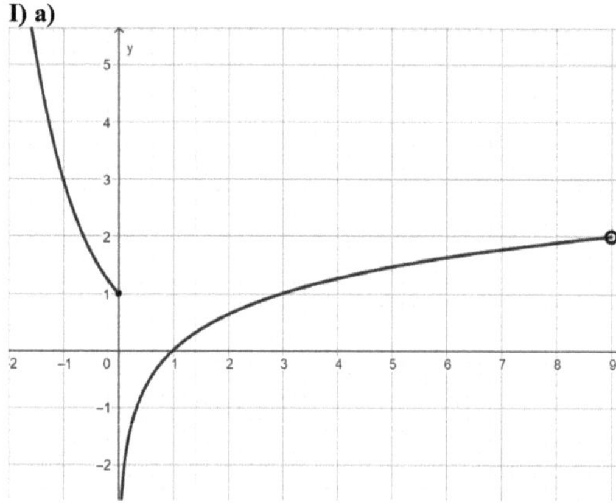

b) $D = (-\infty, 9)$; $CI = R$;   Intersección eje x: $(1, 0)$;   AV: $x = 0$.

c) c_1) para el intervalo $(0 , 1)$; c_2) para $x = 1/27$

Problema 16

a) $D = R$; $CI = R$

b) $f(2) = 4$, $f(0) = 1$ y $f(3) = 0$

c) $x = 2$ e $y = 0$

d)

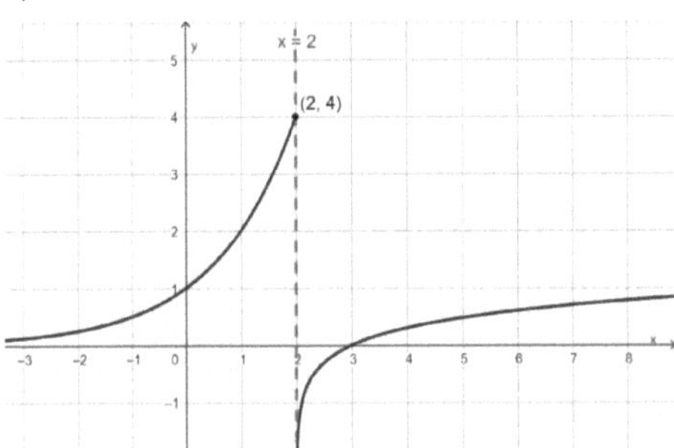

Problema 17

	x	f⁻¹(x)	x	g⁻¹(x)

a) $(fog)(6) = f(8) = 5$

b) $(gof)(6) = g(7) = 6$

c) $(fof)(6) = f(7) = 6$

d) $(gog)(6) = g(8) = 5$

e) $(fog)(9)$ no es posible calcular.

x	$f^{-1}(x)$	x	$g^{-1}(x)$
8	5	7	5
7	6	8	6
6	7	6	7
5	8	5	8
4	9	4	9

Problema 18

a) $1019.x + 1119.y = 3000000$ $\longrightarrow$ $y = (3000000 - 1019.x)/1119$ donde x indica cantidad de dólares e y la cantidad de euros.

b)

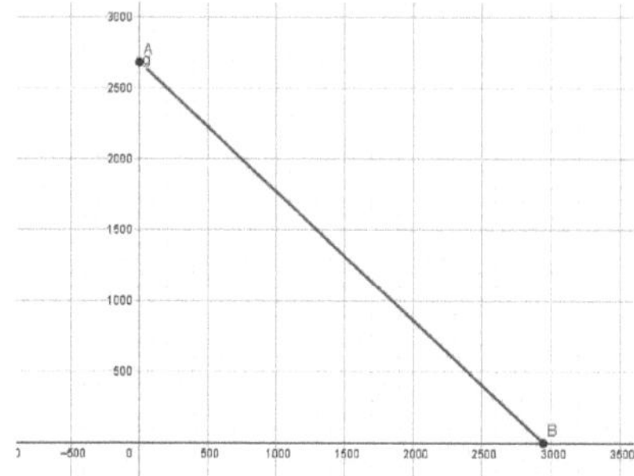

Los puntos de intersección con los ejes indican cantidades máximas de compra de, ó dólares ó euros, con el presupuesto dado.

c) $D = [0 , 3000000/1019]$; $CI = [0 , 3000000/1119]$

d) Es posible pues la función es biyectiva.

e) $f^{-1}(x) = (-3000000 + 1119x) / (-1019)$ indica la cantidad de dólares que se pueden comprar en función de la cantidad de euros comprados con el presupuesto dado.

f) $D f^{-1} = [0, 3000000/1119]$; $Imf^{-1} = [0 , 3000000/1019]$

g) $(fof^{-1})(x) = f((-3000000 + 1119x) / (-1019)) =$

$= [3000000 - 1019 ((-3000000 + 1119x) / (-1019))] / 1119 = x$

Problema 19

I) a) Es verdadera porque $f(3) = 0$

b) Es falsa porque es decreciente en el intervalo $[3 , 8]$.

c) Es verdadera porque $f(-3) + f(0) - 2.f(3) = ¼ + 2 + 0 = 9/4$

d) Es falsa porque el $CIf = [-5 , 0] \cup [1/4 , 16]$

II) Dominio de $gof = Df = (3 , +\infty)$

$(gof)(x) = g[\log_2(x-3)] = 2. [\log_2(x-3)]^2$

III) a) Si x: cantidad de materia prima A y: cantidad de materia prima B, el modelo es: $250x + 600y = 60000$

b) (0 , 100) Significa que se pueden adquirir como máximo 100 unidades de materia prima B y ninguna de A.

(240 , 0) Significa que se pueden adquirir como máximo 240 unidades de materia prima A y ninguna de B.

c) $250.x + 600.y = 30000$

d) $300.x + 600.y = 60000$

Problema 20

a)

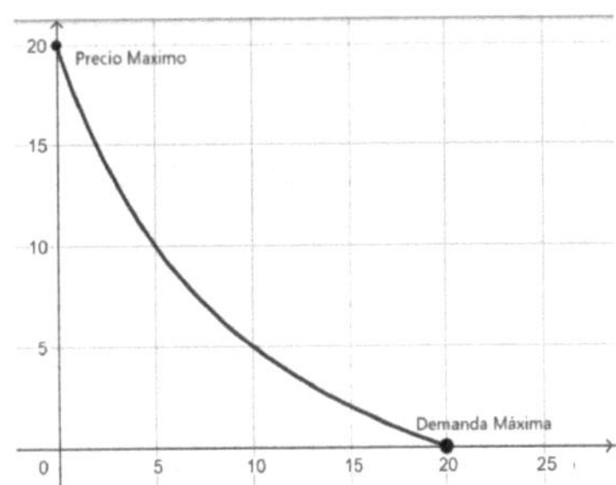

b) Si $p = 15 \longrightarrow q = 2 \longrightarrow$ el punto de equilibrio es (2 , 15).
La función oferta se determina con los puntos (0 , 10) y (2 , 15), esto es:
$p = m.q + b \longrightarrow 15 = m.2 + 10 \longrightarrow m = 5/2$
Luego la función de oferta es: $p = \dfrac{5}{2}q + 10$

c) Para un precio $12 hay exceso de demanda pues $q_d > q_o$ y el exceso es de $q_d - q_o$ unidades.
Luego $q_d - q_o = 40/11 - 4/5 = 159/55$ unidades.

Problema 21
a) Sea x el número de litros producidos del bien, entonces la función costo es:

$$C(x) = \begin{cases} 4x & si & 0 \le x < 50 \\ 2x & si & 50 \le x \le 300 \end{cases}$$

b) $D = [0 , 300] \quad ; \quad CI = [0 , 600]$

c)

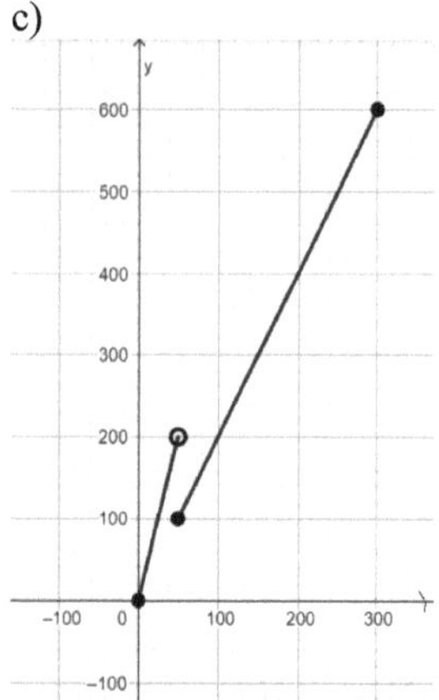

d) La función no es inyectiva pues, para algunos elementos distintos del dominio tienen la misma imagen. Por ejemplo hay dos elementos del dominio cuya imagen es 100.

Problema 22

a) La función de oferta es $y = 1 + \dfrac{x}{2}$, por ser creciente en su dominio, y la función de demandas es $y = \dfrac{24}{x+4} - 2$, por ser decreciente en du dominio; "x" indica cantidad ofrecida o demandada e "y" indica el precio unitario del producto.

b) Demanda máxima: $0 = \dfrac{24}{x+4} - 2 \longrightarrow (8 , 0)$

Precio máximo de demanda: $y = \dfrac{24}{0+4} - 2 \longrightarrow (0, 4)$

Precio mínimo de oferta: $y = 1 + \dfrac{0}{2} \longrightarrow (0 , 1)$

c) Punto de equilibrio: $1 + \dfrac{x}{2} = \dfrac{24}{x+4} - 2 \longrightarrow x = 2$ e $y = 2$, luego $E = (2 , 2)$.

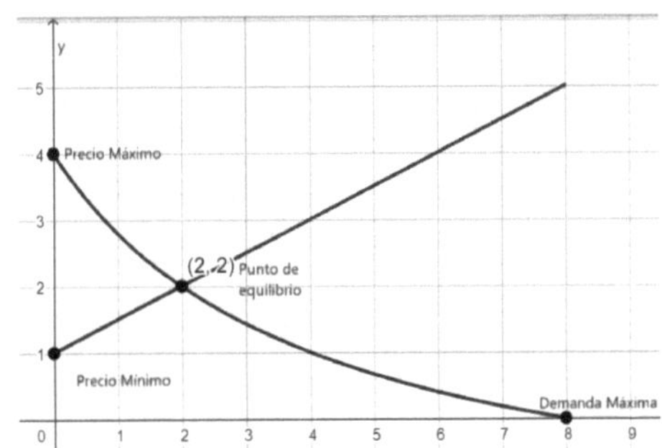

d)

e) $I(x) = p.x \longrightarrow I(2) = 4$

Si se establece en el mercado como mejor precio el de equilibrio, el ingreso es de 4 u.m.

Problema 23

I) a) $D = R^+$; b) $(1/9, 0)$, no corta al eje y ; c) AV: $x = 0$

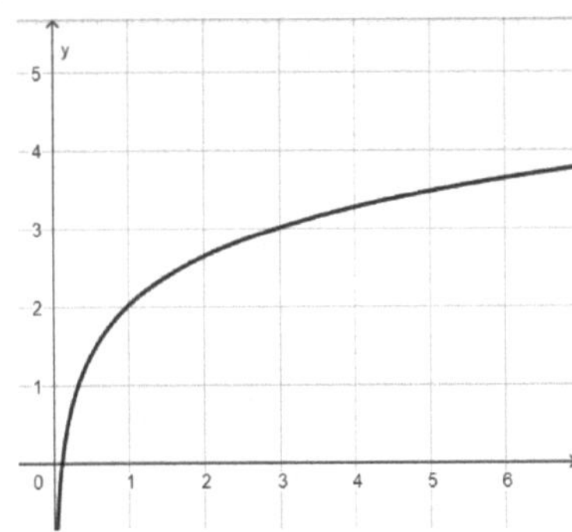

d)

II) a) $C(x) = 80x + 15000$; $I(x) = 120x$; $B(x) = I(x) - C(x) = 40x - 15000$

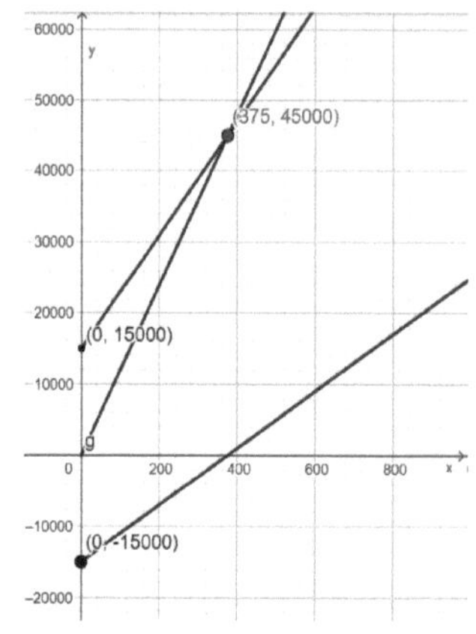

b)

c) $40x - 15000 = 17000 \quad \rightarrow \quad x = 800 \quad \rightarrow$ para obtener una ganancia de $17000 se deben vender 800 productos.

Problema 24

I) $Df = R \qquad CIf = R^+$

$Dg = R^+ \qquad CIg = R$

$Dh = R - \{-1\} \qquad CIh = R - \{2\}$

II) a) $C(x) = 200x + 10000 \qquad I(x) = 700x \quad ; \quad B(x) = 500x - 10000$

b) $200x + 10000 = 700x \quad \rightarrow \quad x = 20 \quad e \quad I(20) = 14000 \quad \rightarrow \quad E(20 , 14000)$

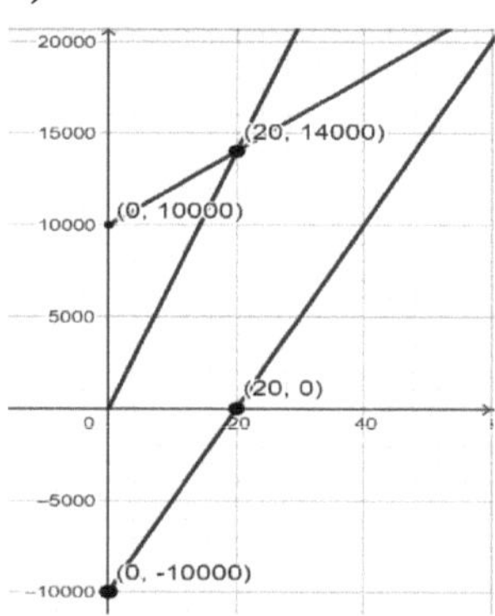

Problema 25

a) Si el precio de equilibrio es 4 mil pesos, la cantidad de equilibrio es $\frac{10}{x+1} -$

$1 = 4 \;\rightarrow\; x = 1$ por lo tanto $E = (1\,,\,4)$.

El modelo lineal de oferta se determina con los puntos $(1\,,\,4)$ y $(0\,,\,3)$ resultando $y = x + 3$.

b)

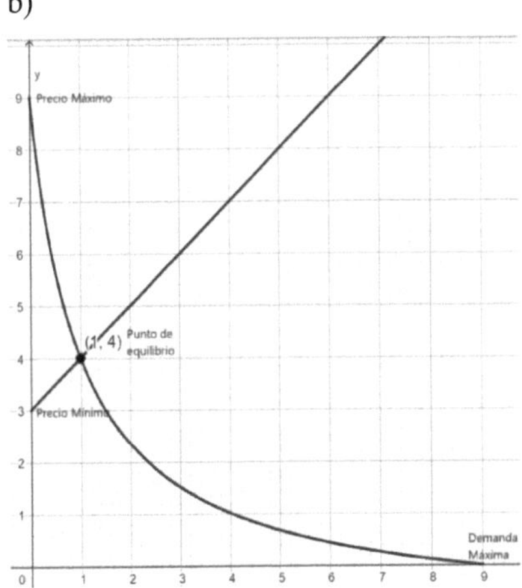

c) c_1) Para un precio de 5 mil pesos es: $\qquad 5 = x_o + 3 \;\rightarrow\; x_o = 2$

$$5 = \frac{10}{x+1} - 1 \;\rightarrow\; x_d = 2/3$$

La oferta es mayor que la demanda.

c_2) $I(x) = p.x = 10/3 \cong 3{,}33$

Problema 26

a) La función oferta es $p = \frac{1}{3}q + 1$ y la función demanda es $p = \frac{30}{q+6} - 2$

b) Demanda máxima: $0 = \frac{30}{q+6} - 2 \;\rightarrow\; q = 9$ unidades.

Precio máximo: $p = \frac{30}{0+6} - 2 \;\rightarrow\; p = 3$ pesos.

Punto de equilibrio: $\frac{1}{3}q + 1 = \frac{30}{q+6} - 2 \;\rightarrow\; q \cong 2{,}1$ unidades.

$$\frac{1}{3}2.1 + 1 = p \;\rightarrow\; p \cong 1{,}7 \text{ pesos.}$$

$$E(2.1,\; 1.7) \text{ con valores aproximados.}$$

Precio mínimo: $p = 1$ pesos

c)

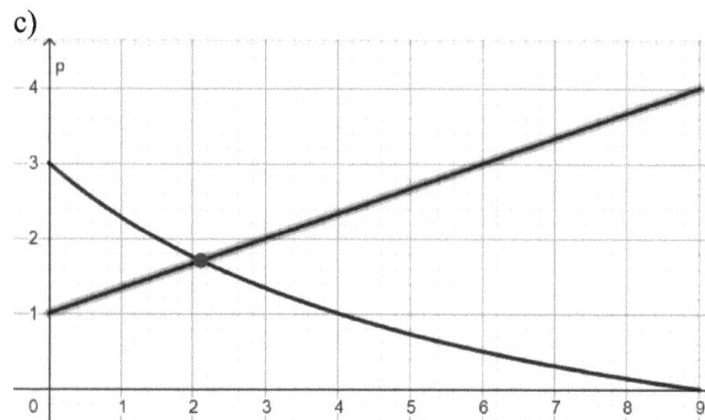

d) Si $p = 2 \longrightarrow q_o = 5/3$ y $q_d = 3/2$ luego $q_o > q_d$

Hay exceso de oferta y se calcula haciendo $q_o - q_d = 1/6$

Esto significa que se ofrecen más unidades de las que se demandan.

Agradecimientos:

Agradecemos la participación en esta edición de las profesoras que han formado o forman parte del equipo de la cátedra Matemática como lenguaje de la facultad de ciencias económicas de la Universidad Nacional del Litoral:

Y fundamentalmente agradecemos el gran apoyo de todo el equipo de gestión de la FCE-UNL, a la Sra decana, Liliana Dillon y a la Secretaria Académica Andrea Pacifico.

Bibliografia:
Crawford, M.(2004) Enseñanza Contextual. Investigación, Fundamentos y Técnicas
Para Mejorar la Motivación y el Logro de los Estudiantes en Matemática y Ciencias. Cord

Haeussler et al. (2008) "Matemática para Administración y Economía"(12ed.). Pearson

Ocerin, Lt all (2008) 5 cuaderno de educación de Cantabria. Las competencias básicas en el área de matemática. Edita: Consejeria de Educacion de Cantabria

Miller, V (2009) Matematica: Razonamiento y aplicaciones (12ed). Pearson Educación (2013)

Rodriguez, M (coordinadora) (2017). Perspectivas metodológicas en la enseñanza y en la investigación en educación matemática. 2daed. UNGS

Stewart et al.(2009) "Precálculo Matemática para el cálculo". Thomson. 5ª Ed.

Toulmin,S.(2007) Los usos de la argumentación. Ed. Peninsula, Barcelona.

Zanabria, C. et al (2016) "Algebra lineal y Aplicaciones: Teoría de los juegos, Cadenas de Markov, Criptografía . UNL. - 2da mejorada. E-Book . ISBN 978-987-692-099-5. en https://fce.unl.edu.ar/matematicabasica

Zanabria, C.et all (2017) Argumentación y Problemas en Contextos: Actividades Resueltas, 1a edición para el alumno - Santa Fe: Universidad Nacional del Litoral, Libro digital, PDF. Archivo Digital: descarga y online. ISBN 978-987-692-145-9

Acerca de las Autoras y colaboradoras:

CLAUDIA ZANABRIA: Profesora en Matemática, Especialista en Docencia Universitaria, Magister en Docencia Universitaria. Temática de Evaluación de aprendizajes de los Estudiantes. Títulos obtenidos en la Facultad de Humanidades y Ciencias de la Universidad Nacional del Litoral (UNL). Profesora titular ordinaria en las cátedras de Matemática como lenguaje, en la Facultad de Ciencias Económica de la UNL. Autora de distintos proyectos de innovación educativa. Docente capacitador en distintos cursos. Investigadora Categorizada en temas de Educación Matemática. integrante de proyectos Caid con trabajos publicados en revistas, libros y congresos nacionales e internacionales. Vicedirectora/ coordinadora de proyectos y cursos de extensión.

MARTA NARDONI: Profesora en Matemática, Especialista en didácticas específicas. Magister en Didácticas Específicas con mención en matemática. FHUC. Universidad Nacional del Litoral. Santa Fe (2015). Diplomada Superior en Gestión Educativa FLACSO. Buenos Aires (2012) Profesora Adjunta ordinaria en la cátedra Matemática Básica, en la Facultad de Ciencias Económicas de la Universidad Nacional del Litoral. Investigadora Categorizada (categoría III) en temas de Educación Matemática, integrante de proyectos CAI+D con trabajos publicados en revistas, libros y congreso nacionales e internacionales En los últimos años, ha integrado proyectos de I+D vinculados a educación matemática.

VERONICA VALETTI: Licenciada en Matemática Aplicada (2002, FIQ-UNL). Profesora en Matemática (2015, FHUC-UNL). JTP ordinaria en la cátedra "Matemática como Lenguaje" en la Facultad de Ciencias Económicas,

UNL. Profesora titular en la asignatura Matemática en la Escuela de Enseñanza Técnico Profesional N° 478 "Dr. Nicolás Avellaneda". Integrante de proyecto CAI+D (2021-2023) denominado "Instrumentos de evaluación de los aprendizajes: procesos de diseño y de validación para las áreas de Inglés y Matemática de la FCE, UNL". Directora: María de las Mercedes Luciani. Integrante de Proyecto de Extensión (2019) denominado "Teoría de los juegos y juegos con Teoría". Directora: Claudia Zanabria.

FATIMA BOLATTI: Profesora en Matemática. Título obtenido en la Facultad de Humanidades y Ciencias de la Universidad Nacional del Litoral (UNL). Jefa de trabajos prácticos con dedicación semiexclusiva en la cátedra de Matemática como Lenguaje, en la Facultad de Ciencias Económicas de la UNL. Jefa de trabajos prácticos con dedicación Simple en la cátedra de Estadística, en la Facultad de Ingeniería y Ciencias Hídricas de la UNL. Auxiliar en la cátedra de Matemática, en la Facultad de Ciencias de la Salud de la Universidad Católica de Santa Fe. Integrante del proyecto Caid: Instrumentos de evaluación de los aprendizajes: procesos de diseño y de validación para las áreas de Inglés y Matemática en la Facultad de Ciencias Económicas, UNL. Expositora en congresos nacionales. Docente de Cursos de extensión a distancia.

LUJAN ALVAREZ: Profesora de Matemática. Universidad Nacional del Litoral. Jefa de trabajos prácticos en la asignatura "Matemática Como Lenguaje". Facultad de Ciencias Económicas – UNL. Integrante del proyecto CAI+D, directora: dra. María de las Mercedes Luciani, titulado "instrumentos de evaluación de los aprendizajes: procesos de diseño y de validación para las áreas de inglés y matemática en la facultad de ciencias económicas, UNL". Docente titular de matemática a cargo de primero, segundo, tercero, cuarto y quinto año en tres colegios de la ciudad de Santa Fe. Del 2019 al 2021 integrante del proyecto CAI+D, directora: mg. Ana María Mantica, titulado "La construcción de conceptos matemáticos y la validación de sus propiedades mediadas por tecnologías digitales en la formación de profesores" y adscripta en investigación, con título del plan de adscripción: "La mediación de diversas tecnologías digitales en la producción de conocimientos matemáticos", Directora: Esp. Ma. Florencia Cruz.